FINANCIAL EDUCATION FOR CHILDREN

钱包包的财商养成记

① 钱是怎么来的？

郑永生 编

江西教育出版社
JIANGXI EDUCATION PUBLISHING HOUSE

· 南昌 ·

图书在版编目（ＣＩＰ）数据

　钱包包的财商养成记 / 郑永生编 . -- 南昌 : 江西教育出
版社 , 2021.1
　（儿童财商教育启蒙系列）
　ISBN 978-7-5705-2257-6

　Ⅰ . ①钱… Ⅱ . ①郑… Ⅲ . ①财务管理—儿童读物
Ⅳ . ① TS976.15-49

　中国版本图书馆 CIP 数据核字 (2020) 第 254491 号

儿童财商教育启蒙系列 · 钱包包的财商养成记　　　　　郑永生　编
ERTONG CAISHANG JIAOYU QIMENG XILIE · QIANBAOBAO DE CAISHANG YANGCHENGJI

出 品 人：廖晓勇
策 划 人：丘文斐
策划编辑：张 龙　　杨 柳
特约编辑：李知乐
责任编辑：张 龙　　黄 熔
出版发行：江西教育出版社
地　　址：江西省南昌市抚河北路 291 号
邮　　编：330008
电　　话：0791-86711025
网　　址：http://www.jxeph.com
经　　销：各地新华书店
印　　刷：佛山市华禹彩印有限公司
开　　本：889 毫米 ×1194 毫米　　　16 开
印　　张：15.75 印张
版　　次：2021 年 1 月第 1 版
印　　次：2021 年 1 月第 1 次印刷
书　　号：ISBN 978-7-5705-2257-6
定　　价：175.00 元（全 5 册）

赣教版图书如有印装质量问题，请向我社调换　电话：0791-86710427
投稿邮箱：JXJYCBS＠163.com　　　来稿电话：0791-86705643
赣版权登字 -02-2021-001

钱包包
（绰号：钱包）

- **年龄：** 8 岁

- **身份：** 淘淘小学三年级学生

- **个性特征：**
  爱动脑筋，善于观察，是大家的"脑力担当"

- **口头禅：** "哈哈，聪明如我！"

- **爱好：** 看书，尤其是侦探小说

- **崇拜人物：** 福尔摩斯

豆 丁

- **身份：** 双拼猫王国的神秘来客

- **个性特征：**
  傲娇，迷人，博学多才，财商知识丰富

- **口头禅：**
  "喵呜，本猫告诉你们吧！"

- **爱好：** 旅行，收藏硬币

- **崇拜人物：** 自己

唐 果
（绰号：糖果）

- **年龄：** 8 岁

- **身份：** 钱包包的同班同学

- **个性特征：**
  活泼可爱，口才了得，是大家的"协调担当"

- **口头禅：** "实在是太可爱了！"

- **爱好：** 可爱的动物，弹钢琴

- **崇拜人物：** 贝多芬

夏向棋
（绰号：象棋）

- **年龄：** 8 岁

- **身份：** 钱包包的同班同学

- **个性特征：**
  乐观开朗，富有幽默感，是大家的"开心担当"

- **口头禅：** "民以食为天嘛！"

- **爱好：** 走到哪吃到哪，画画

- **崇拜人物：** 达·芬奇

穿越
猫猫原始城

雨过天晴白云飘，蓝天架起彩虹桥，赤橙黄绿青蓝紫，数数颜色有七道……

　　雨后的小公园里，淘淘小学的三个好朋友一边荡着秋千，一边欢快地哼着儿歌。

　　突然，草丛里闪过一团橙色的光芒——

　　只见一只浑身湿漉漉的猫蹲坐在草丛里，橙色的毛发紧贴在身上，胖乎乎的小肚腩突了出来。

"他的脸好奇怪啊，左半边是白色的，右半边是橙色的，像双拼火锅。" 钱包包上下打量着这只猫。

"双拼火锅，我喜欢！哈哈，他长得比我还胖呢。" 夏向棋也乐了。

"喵呜，你才胖，本猫可瘦着呢！" 那只猫用力甩了甩身体，身上的雨水溅了孩子们一身。

原来是一只大胖猫呀，真可爱！

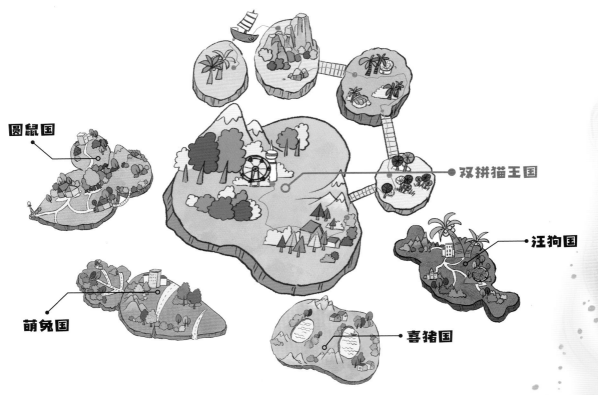

圈鼠国

双拼猫王国

汪狗国

萌兔国

喜猪国

　　三个孩子环顾四周，并没有发现其他人。这，竟然是一只会说人话的猫！

　　"小胖猫，你是外星猫吗？"钱包包的声音有些颤抖。

　　"喵呜，本猫来自美丽的双拼猫王国，请尊称本猫为豆丁！"豆丁最不喜欢别人说他胖了。

　　"双拼猫王国在哪里呀？骗人的吧？"孩子们半信半疑。

　　"喵呜，我才不屑去骗人类呢！带你们去见识一下本猫的王国，你们就相信了。"豆丁甩了一个白眼。

　　豆丁用右前爪在空中比画了一圈……不可思议的事情发生了，空中出现了五座形状各异的海岛！

　　"喵呜，看！那就是双拼猫王国。"豆丁指了指猫爪形状的海岛，然后默念了一句咒语，空中又出现了那团橙色的光芒。"出发吧！"

　　三个孩子的身体仿佛被一股神奇的力量牵引着，还没有回过神来，他们便来到了一个全是猫……的王国！

　　"喵呜，欢迎来到猫猫原始城。"豆丁自豪地介绍道。

原始城的集市上有许多新奇好玩的摊位，有卖猫项圈的、卖鱼饼干的……三个孩子看到眼前的情景，仿佛发现了新大陆一般，兴奋极了。

成交！

给你 1 个猫罐头，换 3 根棒棒糖。

 请问 1 根棒棒糖多少钱？

什么是钱？能吃吗？

 钱不是吃的。瞧，这是一元的硬币，这是五元的纸币，这是十元的纸币，钱可以买东西。

我们这里不用钱，也不知道钱有什么用。

 想吃棒棒糖的话，就拿猫罐头来换吧，1 个猫罐头就可以换 3 根棒棒糖哦。

喵呜，这是一座不用钱的城市，你们的钱可买不到东西哦。

钱包包心想：难怪街上的猫儿们都背着大大小小的包，原来是拿出来交换物品的呀。可这种方式既耗费体力又浪费时间，太不方便了！

"喵呜，本猫告诉你们吧。"豆丁将了将胡须，"原始城是王国最落后的地区，相当于人类的原始社会。猫儿们如果想获得需要的物品，只能拿别的物品来交换。"

猫猫原始坳

"钱啊钱，你现在连1根棒棒糖都买不到了，可怜呀！"夏向棋一脸幽怨地看着手里的纸币。

　　"物物交换不仅不方便，还经常会因为对方没有适合交换的物品，而导致自己无法获得想要的物品。"豆丁蹲坐了下来，"例如猫罐头只能用鱼饼干来换，但本猫没有鱼饼干，只有棒棒糖，那就只能先用棒棒糖换来鱼饼干，再用鱼饼干去交换猫罐头。"

"钱"的存在实在太有必要了！

· 知识拓展 ·

① 物物交换

"钱"也叫"货币"，在货币还没有出现时，人们只能用自己的物品和别人的物品交换，来获得自己想要的物品，而且这种交换需要双方都同意才能进行。这是人类最早期的交易方式，叫作"物物交换"。

② 物物交换方式下的常见物品种类

海产类
鱼、虾、蟹、贝类……

水果类
苹果、梨、枣、梅子……

粮食类
稻谷、大豆、小麦、玉米……

畜禽类
牛、羊、猪、鸡、鸭……

第 2 话

贝壳当钱用

　　他们不知不觉走到了双拼猫王国的海边。看着一望无际的大海，吹着阵阵海风，孩子们都陶醉在眼前的美景中。

　　忽然，前方传来了争吵声。原来是两只猫在进行物物交换时，因为对物品价值的判断不同而发生了争吵。两只猫你一言我一语，争得脸红耳赤，一时半刻也分不出谁对谁错。

刚刚不是说好了用 5 条鱼换 1 袋猫粮吗，你怎么说话不算话呢？

 不管是味道还是新鲜度，我家猫粮都比别家的好上几倍呢！如果只换 5 条鱼我就亏了呀！

你这猫一点儿也不讲信用！

 那猫粮品质不同，交换条件也不能一直不变呀！

孩子们很想去帮忙，可是谁也没想到什么好主意，大家不约而同地把求助的目光投向了豆丁。

"喵呜，在钱出现之前，我们可以先约定用一种物品作为物物交换的中介，然后再用它来交换自己需要的东西。钱其实也是一种中介物。"

"本猫的城市也经历过物物交换的时期。"看到大家一脸茫然，豆丁接着解释，"那时候，我们经常因为对物品价值认定的分歧、物品出现各种损坏、对某些物品需求量低等原因，导致物物交换不能顺利进行。"

中介物？

"这么说来，中介物的出现，为大家减少了一些烦恼。"钱包包有点明白了。

"对，这样我们就可以先把自己多余的物品换成中介物，然后再用中介物换来自己需要的东西了。"

钱包包恍然大悟，高兴得要把豆丁抱起来。

"本猫还没说完呢！"豆丁一脸嫌弃地推开了钱包包。"从前我们会用一些生活中比较实用、不容易腐坏的物品来充当中介物，我们也称它们为'实物货币'。"

1个花环换你1袋猫粮，要不要？

不要不要，我不喜欢花环。

西瓜都发臭了，我才不要呢！

3个西瓜换你1条鱼，怎么样？

"喵呜！屁股疼疼疼……"豆丁突然大叫了一声，原来是藏在沙滩上的一只小贝壳硌到了他的屁股。

"好漂亮的贝壳呀！"唐果随手捡起了一只贝壳看了又看。大家发现沙滩上原来"埋藏"了许多形状大小各异的贝壳。

"喵呜，本猫告诉你们吧！贝壳既小巧又不易损坏，非常耐用，而且还方便携带，具备了成为中介物的所有条件。个头越大、品质越好的贝壳价值就越高，可以用来交换价值高的物品。"

"既然这里贝壳数量这么多，你们可以用贝壳来当中介物呀！"钱包包灵机一动，给正在吵架的两只猫出主意。

两只猫听了这个解决方法，都觉得很好，便开心地拉起手转起了圈圈，豆丁也赞许地点了点头。

"哈哈，聪明如我！"钱包包还不忘摆个酷酷的姿势。

知识拓展

① 一般等价物

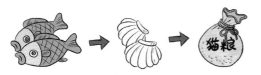

"一般等价物"既能表现一种物品的价值，又可以直接与另一种物品进行交换。假设人们约定用贝壳作为一般等价物，那么他们就可以先把多余的物品换成贝壳，再用贝壳来交换自己真正需要的东西。

② 实物货币

"实物货币"是人们约定好用某一种特定物品作为货币，交换自己需要的物品。一般来说，游牧民族会将牲畜、兽皮等作为实物货币，而农业民族则以五谷、布帛、农具、陶器等充当最早的实物货币。

③ 货币

"货币"指的是"钱"，也属于一般等价物。货币出现后，人们改变了"物物交换"这种原始的交易方式。货币能够更准确地衡量商品的价值，方便大家进行交易，大大提高了人们的生活效率。

第 3 话

勇闯石头城

我要坐上自己叠的小船，摇啊摇，摇得很远很远。那儿大海和蓝天连在一起，船儿摇进星星闪耀的海湾。

豆丁和孩子们高高兴兴地乘着小船顺流而下。

突然，一个布满巨石的小岛映入了他们的眼帘。

"喵呜，那里就是王国著名的石头城。"豆丁像老爷爷一样捋了捋胡须，用骄傲的语气说，"那里盛产奇形怪状的石头，你们一定会大开眼界的！"

把船停好后，大家快步走进了
石头城。果不其然，里面有各种奇石……

有些石头比五个孩子叠罗汉的高度还要
高，有些石头就像中秋节的月亮一样圆……

钱包包发现这里的猫儿们并不像原始城的猫
那样，带着大包小包出门。他们究竟是怎样买东西
的呢？

"喵呜，本猫告诉你们吧！"豆丁看穿了他的疑惑，
"这里的通用'货币'就是这些奇形怪状的石头，石头越
大、质地越好，就越值钱。"

锤锤猫

尖尖猫

贝贝猫

球球猫

石头那么重，
又不能随身携
带，怎么用来
付钱呢？

"当地的居民想了一个绝妙的方法，那就是石头属于谁，就在石头上刻谁的名字。"豆丁继续说，"在买卖发生的时候，只要修改石头上的名字，就表示石头的主人更换了，根本不需要移动它。如果实在需要移动的话，他们可以像滚轮子一样把石头滚动到指定的地方。"

　　"虽然大石头移动起来不方便，但好处就是小偷也偷不走这么重的'钱'！"钱包包开玩笑地说。"原来生活中那些不起眼的事物，都有存在的理由，也有各自发展的历程。"

　　顺流而下，孩子们很快来到了一座冷冷清清的小岛。岛上只有几幢陈旧不堪的房子，孤零零地屹立在那里，旁边还有一条静静流淌的小河。

 那些房子的屋顶……好像破旧的贝壳呀。

喵呜，本猫告诉你们吧！这座岛叫"贝壳城"，以前盛产贝壳，所有的房子都是用贝壳建造的。

 但是，贝壳城里的贝壳，竟然还没有我们在海边见到的贝壳多？！

贝壳可是这座岛上最早的货币呢，但随着城市的发展，猫民增多，物品交换日益频繁，贝壳渐渐不够用了，于是大家就去寻找其他更合适的物品来充当货币，贝壳就渐渐被遗忘了。

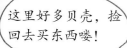 这里好多贝壳，捡回去买东西喽！

现在都改用金属货币，贝壳扔掉算了。

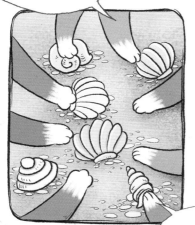

给我留点！

金属城里的房子全是用金属建造的，街道两边的摆设也是金属的，就连花草树木也是金属材质的！突然他们发现前方有个招牌，上面画了四个奇怪的图案。

"好豆丁，这些符号到底是什么意思呀？"钱包包急切地想知道答案。

"喵呜，这四种图案是仿照人类古代社会的货币图形做的，分别是刀币、布币、环钱、蚁鼻钱。"豆丁捋了捋胡须说道，"这是一家货币工厂，主要生产这四种金属货币。"

你看我像不像一把菜刀？

刀币

我原本叫布币，但形状像铲子，所以大家也叫我铲币。

布币

我身上有一个圆形小孔哦。

环钱

是不是听着鼻子痒痒的？

蚁鼻钱

 蚁鼻钱？这个名字好奇怪呀！

 喵呜，因为钱币上面的刻字像一只蚂蚁站在鼻尖，所以叫"蚁鼻钱"；还有些看起来像鬼脸，也叫"鬼脸钱"。

 哈哈，我也会做鬼脸，看我看我，呼噜噜噜……

 这有什么，看我的，嘻嘻嘻……糖果，你也来一个。

不要不要，我来当裁判。我宣布，象棋的鬼脸最丑！

 为什么是最丑呀，应该说我的鬼脸最像鬼吧？！

掌印：这是本猫可爱的手掌。

头像：这是本猫帅气的头像。

按钮：按下有惊喜！

"喵呜，本猫赏赐你们几个宝贝，让你们开开眼界吧！"豆丁不知从哪里掏出了几枚精致的纪念币，得意扬扬地炫耀着。

三个孩子马上围了过来。只见这些纪念币圆圆的、扁扁的，正面是猫爪的模样，反面是豆丁的头像，最下方还有个不起眼的按钮。

"喵呜，别按……"还没等豆丁说完，眼疾手快的钱包包就按了一下按钮，钱币说话了："**豆丁本领真高超，知识渊博最自豪，听到夸奖微微笑，保证一点不骄傲……**"

哈哈……自卖自夸，真不害臊呀！

小豆丁，很骄傲嘛。

哼！一群无知的小鬼。

再往前走就到了纸张城，顾名思义，这是一座用纸盖的城市。

"这里该不会连食物都是用纸做的吧，纸的汉堡包、纸的面条……"夏向棋吐了吐舌头。

"喵呜，纸张城是王国里比较发达的城市。"豆丁开始介绍纸张城，"虽说这里的建筑物都是用纸做的，但用的都是特殊纸张，能抵抗狂风暴雨呢！"

28

"快看，纸张城的居民也是用纸币来购物的呢，和我们一样！"钱包包像发现了宝藏一样，兴奋地喊着。

"喵呜，说得没错。金属货币太重了，携带起来又不方便，不利于商品交换，所以慢慢地就被纸币——猫元取代了。这种纸币很轻，非常适合携带，制造它的原材料又容易获取。"豆丁捋了捋胡须解释道。

这时，附近有摊位传来了一阵说话声。

我没带纸币，可以刷卡吗？

不好意思呀，这里只能用纸币，我们还没有刷银行卡结算的服务呢。

猫都那边可以刷卡呀，没想到这里居然不能用……

"猫都可以刷卡？那应该是双拼猫王国最发达的地区吧！好豆丁，赶紧带我们去看看吧！"钱包包越来越期待下一站了。

知识拓展

① 人类社会货币的演变

原始社会末期最早出现的货币是实物货币，例如五谷、布匹等。

夏商时期流通较广的是天然贝，坚固耐用，方便携带和计数，也可以说是实物货币。

 春秋战国时期开始流通金属铸币，主要是铜币和铁币。

宋朝开始，纸币"交子"出现，货币变得更轻便。

 今天，更便捷的移动支付方式出现了，方便又环保。

② 货币哈哈镜

德国的木质钞票：第一次世界大战后，德国陷入经济困境。当地政府用木头印制应急钞票，也有用铝箔、丝麻甚至扑克牌来印制的。

发现我了吗？轻轻一按，硬币会说话哦。

蒙古国的肯尼迪硬币：硬币背面印有美国前总统约翰·肯尼迪的半身像，上面设置了一个机关按钮，按下按钮可以听到肯尼迪的演讲。

刚果民主共和国的无脸头像纸币：新政府为了解决现金短缺的问题，决定将 2 万面额纸币上人物头像的脸部去掉，这样做还节约了原材料。

哈哈，猜猜我是谁？

太平洋雅浦岛的石币：岛上的土著人使用一种巨大的石头作为流通货币，这种石币越大，质地越好，所代表的价值就越高。石币中间会有个洞，需要移动时就用棍子插进洞里，把石币滚动到指定的地方。

豆丁的财商教育建议

什么是"财商教育"？

亲爱的宝爸宝妈：

财商教育不仅仅是金钱教育，更是品格教育，这将影响孩子的一生。财商教育可以帮助孩子树立正确的金钱观和价值观，让孩子从小认识、理解财富知识，形成理财观念，树立理财意识，帮助孩子学习规划梦想、丰富人生，养成良好的理财习惯。所以，尽早培养孩子的财商是非常重要的。

在启蒙阶段，要先从日常生活中的小事出发，引导孩子接触财商知识，比如利用家中物品跟孩子互动，体验物物交换的过程，感受钱币给人们带来的便利；节假日也可以带孩子去博物馆参观货币展，了解古代出现过哪些货币、这些货币都是怎么发展的，从而拓宽孩子的视野。

豆丁

第 4 话

钱不翼而飞了？

一行人终于来到了双拼猫王国的经济文化中心——猫都。这里是王国最发达的大都市，吸引了各个动物王国的游客前来参观游玩，热闹非凡。

　　"这里有好多银行呀。"细心的钱包包又有新发现。

　　"喵呜，说得没错。正因为这里有很多银行，所以游客即使没有提前准备好猫元，也能在任意一家银行进行货币兑换，手续简单方便！"

帅帅猫银行

"哎呀呀，请问帅帅猫银行要怎么走呢？我按照地图找了很久也没找到，一直在原地打转……"一只猪大叔迷路了，他手上拿着猫都的地图，急得满头大汗。

大家打量着这只快要哭出来的猪大叔，又看了看他手上的地图，顿时明白了什么。

小朋友，你猜到原因了吗？

在孩子们的好心提醒下，猪大叔终于找到了帅帅猫银行。

与猪大叔告别后，孩子们也走
累了，便在一个喷泉旁稍作休息。

为什么喜猪币在这里不能直接使用呢？换来换去多麻烦啊。

 喵呜，本猫告诉你们吧！首先，猫王国规定通用的货币只有猫元；其次，不同王国的货币，购买力是不一样的。比如同样一包鱼饼干，在本猫的王国用10猫元就可以买到，但要是在圆鼠国，那需要100鼠币才能买到。

 这太有意思了！快接着说。

 喵呜，货币兑换是根据比率来计算的，这个比率叫作汇率。再比如同样一瓶水，在萌兔国买只要用1个币，但在汪狗国买却要用10个币。

 我知道了，说明萌兔国1个币的购买力等于汪狗国的10个币！

突然，孩子们发现前面不远处，有一只相貌憨厚的猫坐在地上大哭，他们快步跑过去把他扶了起来，关心地问他发生了什么事。

"我所有的钱都不见了……喵呜呜呜……"他一边擦着眼泪一边说。

原来，憨憨猫担心钱放在家里会被偷，所以每次出门都把所有的钱带在身上。他今天出门时也把钱放进书包里了，但现在发现钱找不到了。

"别慌张，我们一定会帮你找到的。"唐果连忙安慰道。

憨憨猫把书包里的物品全都倒出来了，但还是没找到他的钱。

"你出门前还做过别的事情吗？"钱包包问。

"我……我早上把购物清单写在了笔记本上……"憨憨猫似乎想起了什么，连忙捡起掉在地上的笔记本，里面夹着一大沓猫元！憨憨猫立马破涕为笑。

喵呜，把全部现金带在身上一点儿也不安全。我建议你把钱存在银行里，既安全方便，还能升值。

存在银行里还能赚钱呀？快教教我！

把钱存进银行后，你会得到一张银行卡，不仅方便携带，还可以随时查询卡里的余额，而且购物还能刷卡支付呢。银行还会定时发放利息，你的钱虽然变"隐形"了，但它们依然存在。最重要的是，万一卡丢失了，只需联系银行重办一张就行，里面存的钱也不会变少。

原来如此，那我得赶紧去银行把钱存起来了。谢谢你们，再见！

我要赚很多很多利息，成为王国大富翁！

"胖猫，你简直就是个猫博士啊，你对吃的有什么研究吗？我肚子咕咕叫了！"夏向棋对豆丁竖起了大拇指。

"你这个大吃货，脑子里装的全是吃吃吃！"唐果敲了敲夏向棋的脑袋。

"民以食为天嘛！"夏向棋理直气壮地回答。

"这次在双拼猫王国里，我学到了好多关于'钱'的知识啊。"钱包包突然认真了起来，"谢谢你胖猫，哦不对，谢谢豆丁猫！"

"喵呜，说了多少次了，我不是胖猫！"豆丁又生气了。

孩子们一起围上去想把豆丁举起来，但豆丁迅速躲开了。

别别，别碰本猫，请保持距离，喵呜……

· 知识拓展 ·

① 世界上流通的货币及汇率

主要货币：许多国家都有自己的货币，如中国有人民币，其他主要货币还包括美元、欧元、英镑、日元等。

电子支付：电子支付是一种无实物货币支付形式，主要是通过银行卡或手机扫码等方式，将自己账户里的资金支付转移到其他账户里。

汇率：指两种货币之间兑换的比率，也就是指一个国家的货币可以兑换成多少他国的货币。比如故事里提到萌兔币跟汪狗币的汇率是1:10，那么，萌兔币比汪狗币更值钱。

利息：指因存款或者放款所得的除本金以外，依据当期利率产生的新增值的钱。比如憨憨猫在银行存了500猫元，一年期利率为4%；一年后，他的银行账户显示有520猫元，多出来的20猫元就是银行发放给憨憨猫的利息。

② 世界上价值很低的货币

100万亿面额的津巴布韦币：
1后面有14个0，可面额这么
大的钱，价值低得连1箱牛奶
都买不到。

伊朗里亚尔纸币： 由于经济危
机，里亚尔纸币大幅贬值，纸
币面额虽然很大，但其实价值
极低。

越南盾： 面额3000多的越南盾
只能兑换大约1元人民币，买1
瓶矿泉水要花好几千的越南盾。

豆丁的财商教育建议

认识货币

亲爱的宝爸宝妈：

　　"货币兑换""电子货币"等名词比较难懂，家长可以先教孩子认识各种货币的面值，了解我国和其他国家分别用什么货币，从而带出"汇率"的概念；也可以收集一些通用货币图片，给孩子讲讲每种货币上的图案是什么，有什么故事，加深孩子对货币的印象。

　　平时去银行办理业务时，也可以考虑带上孩子，让孩子初步接触银行，明白钱可以存进银行并获得利息，了解办理银行业务的大致流程等。

　　现在社会流行电子支付，日常出门时，给孩子简单普及扫码支付、资金转账等概念，也可以给孩子展示电子支付的账单，帮助孩子树立管理财富的意识。

　　　　　　　　　　　　　　　　　　　豆丁

FINANCIAL EDUCATION FOR CHILDREN

钱包包的

财商养成记

② 钱是怎么动起来的？

郑永生 编

江西教育出版社
JIANGXI EDUCATION PUBLISHING HOUSE

·南昌·

图书在版编目（ＣＩＰ）数据

　　钱包包的财商养成记 / 郑永生编 . —— 南昌 : 江西教育出

版社 , 2021.1

　　（儿童财商教育启蒙系列）

　　ISBN 978–7–5705–2257–6

　　Ⅰ . ①钱… Ⅱ . ①郑… Ⅲ . ①财务管理—儿童读物

Ⅳ . ① TS976.15–49

　　中国版本图书馆 CIP 数据核字 (2020) 第 254491 号

儿童财商教育启蒙系列・钱包包的财商养成记　　　　　　郑永生　编

ERTONG CAISHANG JIAOYU QIMENG XILIE · QIANBAOBAO DE CAISHANG YANGCHENGJI

出 品 人：廖晓勇
策 划 人：丘文斐
策划编辑：张 龙　　杨 柳
特约编辑：李知乐
责任编辑：张 龙　　黄 熔
出版发行：江西教育出版社
地　　址：江西省南昌市抚河北路 291 号
邮　　编：330008
电　　话：0791–86711025
网　　址：http://www.jxeph.com
经　　销：各地新华书店
印　　刷：佛山市华禹彩印有限公司
开　　本：889 毫米 × 1194 毫米　　　16 开
印　　张：15.75 印张
版　　次：2021 年 1 月第 1 版
印　　次：2021 年 1 月第 1 次印刷
书　　号：ISBN 978–7–5705–2257–6
定　　价：175.00 元（全 5 册）

　　赣教版图书如有印装质量问题，请向我社调换　电话：0791–86710427
　　投稿邮箱：JXJYCBS @ 163.com　　　来稿电话：0791–86705643
赣版权登字 -02-2021-001

钱包包

（绰号：钱包）

- **年龄：** 8 岁

- **身份：** 淘淘小学三年级学生

- **个性特征：**
  爱动脑筋，善于观察，是大家的"脑力担当"

- **口头禅：** "哈哈，聪明如我！"

- **爱好：** 看书，尤其是侦探小说

- **崇拜人物：** 福尔摩斯

豆 丁

- **身份：** 双拼猫王国的神秘来客

- **个性特征：**
  傲娇，迷人，博学多才，财商知识丰富

- **口头禅：**
  "喵呜，本猫告诉你们吧！"

- **爱好：** 旅行，收藏硬币

- **崇拜人物：** 自己

唐 果

（绰号：糖果）

- **年龄：** 8 岁

- **身份：** 钱包包的同班同学

- **个性特征：**
  活泼可爱，口才了得，是大家的"协调担当"

- **口头禅：** "实在是太可爱了！"

- **爱好：** 可爱的动物，弹钢琴

- **崇拜人物：** 贝多芬

夏向棋

（绰号：象棋）

- **年龄：** 8 岁

- **身份：** 钱包包的同班同学

- **个性特征：**
  乐观开朗，富有幽默感，是大家的"开心担当"

- **口头禅：** "民以食为天嘛！"

- **爱好：** 走到哪吃到哪，画画

- **崇拜人物：** 达·芬奇

卖不掉的
大南瓜

蔬菜农场

　　"我昨晚梦到了和一群会说话的老鼠聊天，我特别想去圆鼠国看看！"

　　吃过晚饭后，钱包包、唐果和夏向棋相约来到淘淘小学附近的公园散步聊天。

　　"如果能再见到豆丁就好了，他能实现我的愿望。"钱包包感慨地说。

　　"喵呜，是谁在呼唤本猫的名字……"这声音，是豆丁！

　　三个孩子兴奋极了，一起冲上去拥抱豆丁。

　　"快放开本猫，我呼吸不了了……"豆丁嫌弃地推开他们。

　　"好豆丁猫，您就带我们去圆鼠国玩玩吧！"唐果撒娇似的哀求道。

　　"那本猫就勉为其难，帮你们一次吧。"豆丁用小胖爪在空中比画了一下，那道熟悉的橙色光芒又出现了……

　　一股神奇的力量把他们带到了一座老鼠头形状的海岛。

您家玉米为什么卖得这么贵呀？

我家的玉米很美味，是这里最受欢迎的，而且是自种的玉米，所以数量有限，经常不够卖，正所谓"物以稀为贵"嘛，所以价格就比别家的贵一些。

可是，20鼠币差不多够吃一顿大餐了……

那可不能比，我家每一颗玉米种子都是我的宝贝。从播种那天起，我每天又浇水、又施肥、又松土、又除虫，耗费了大量时间和精力，才收获到又大、又甜、营养价值高的玉米。

"吱吱吱，巧克力味大南瓜大甩卖，5鼠币就可以抱回家！"圆鼠三兄弟卖力地吆喝着。

夏向棋看着那些大南瓜，两眼发光。

"一根玉米卖20鼠币，大家都排着队买；可这么巨大的南瓜只卖5鼠币，竟然没人买，这是为什么呢？"钱包包觉得这太奇怪了。

巧克力南瓜刚上市的时候要卖20鼠币一个，大家都排着队买呢。

我们就以为发财的机会到了，于是一口气种了很多很多南瓜，结果卖了很久也没卖完。

现在南瓜快要烂了，我们只能便宜卖了。

玉米数量少，因为想买的人越多，价格就越贵；南瓜数量多，因为想买的人越少，价格就越便宜。

"这么说来，价格的高低和商品数量以及购买人数的多少，有着很大关系。"钱包包掏出了笔记本。

"喵呜，价格和市场需求有着直接的关系，一般来说，商品越稀有、市场需求越高，价格就越高。反之如果商品供应量大于需求量，商品就会产生剩余，价格就会越低。"豆丁给了钱包包一个肯定的眼神。

前面卖花生的摊位上传来一阵熟悉的声音。

这不是卖玉米的鼠爷爷吗！

鼠爷爷，我们又见面了！

真巧啊！今天运气不错，玉米一下子就卖光了。赚了钱，我就来买我最爱吃的花生了。

 鼠爷爷，你家里有田有地，为什么不考虑自己种花生呢？

我不擅长种花生，但玉米种得好。所以，我干脆就用卖玉米赚的钱来买花生了。

　　孩子们跟着鼠爷爷一口气逛了好几个卖花生的摊位，他仔细地比较了每个摊位上花生的颗粒大小、新鲜度以及价格。花生的颗粒越大，新鲜度越高，价格就越贵。

　　最后鼠爷爷花了 20 鼠币买了一袋中间价位的花生。

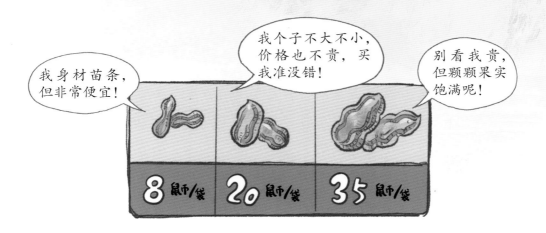

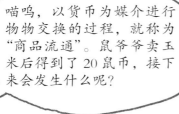

喵呜，以货币为媒介进行物物交换的过程，就称为"商品流通"。鼠爷爷卖玉米后得到了20鼠币，接下来会发生什么呢？

1 鼠爷爷卖玉米得到了20鼠币。

2 鼠爷爷用20鼠币向花生鼠买了花生。

3 花生鼠用20鼠币向菜菜鼠买了白菜。

4 菜菜鼠用 20 鼠币向土豆鼠买了土豆。

5 土豆鼠用 20 鼠币向
萝卜鼠买了胡萝卜。

在商品流通时，货币
会在每次交换中不断
更换新主人，这就叫
"货币流通"！

这个小熊储钱罐实在是太可爱了！看起来也挺新的，没想到只要3鼠币就能买回家呢。

这里有没有卖零食的？嘿嘿……

你傻呀，别人吃过的东西怎么拿出来卖呢？给你一个吃了一半的包子你还敢吃吗？

圆鼠国人气最旺的地方——卖二手物品的跳蚤市场，运气好的话，你能在这里淘到价格便宜得超乎想象的好东西。

"大家为什么要把用过的物品拿来卖呢？二手物品的价格为什么这么便宜呢？"钱包包看着琳琅满目的二手物品疑惑地问。

"喵呜，本猫告诉你们吧！把家里不再用的物品卖出去，既能腾出空间、换回一些钱，同时又能让别人用便宜的价格买到自己需要的物品，是一件一举两得的事情。"豆丁被旁边摊位的逗猫棒吸引了过去。

"二手物品这么便宜，是因为用过的物品寿命会缩短，外观和品质也会受影响，所以价值也会随之降低。比如一张椅子，用久了外观会变旧，质量也会变差，这样就变得越来越不值钱了。"豆丁边说边玩，不亦乐乎。

知识拓展

① 价值与价格

价值是指一种商品在交换中能够交换到其他商品的数量。比如1头牛可以交换得到2只羊，那么1头牛的价值就相当于2只羊的价值。

价格是价值的表现形式，通常会用数字来反映商品价值。大多数情况下，商品的价值与价格是互相匹配的。

② 商品流通与买卖

以货币为媒介的物物交换，叫作商品流通。我们日常的买卖交易就是商品流通的过程，其间物品进行等价交换——

既有物物交换

也有钱物交换

③ 时间对物品价值的影响

随着时间一分一秒地流逝，物品也会发生变化——比如新东西变成旧东西，而物品的质量、价值等，也会随着时间而改变。

衣服穿的时间久了就会变旧，不值钱了；

食品放的时间久了就会变质，没有价值了；

一些贵重的收藏品、有价值的物品，反而时间越久，价值越高；

随着时间的推移，我们也会一天天长大。

豆丁的财商教育建议

时间影响价值和价格

亲爱的宝爸宝妈：

　　我们在和孩子一起购物时，首先要让孩子认识物品对应的价格标签，了解价格是什么，与价值有什么关系，自己有限的钱能买多少必需品；其次，还要让他们了解商品的买卖过程。

　　价格会因时间而变化，也会随价值而上下波动：食品有效期快到了，价格就会大幅下降；手机买回来再卖出去就要降价；邮票古玩收藏了一定的时间会涨价；证券在不同的时间，价格也不一样。此外，当商品供不应求时，其价格会上涨，比如新冠疫情突然在全球爆发，口罩、呼吸机等价格就会上涨；手机的新型号一经推出，价格会比较昂贵，推向市场后价格逐渐恢复正常。反之，当商品供大于求时，价格也会相应下降。

豆丁

第 2 话

追捕假币头目贪贪鼠

一只身材魁梧的鼠警察和豆丁撞了个满怀，豆丁疼得喵喵大叫。

"对不起！刚才我在追捕那只恶名昭彰的贪贪鼠，差一点儿就抓住他了，哎……"鼠警察叫壮壮鼠，他愤恨地跺了跺脚。

"请问贪贪鼠做了什么坏事吗？"钱包包好奇地问。

"他为了不劳而获，竟然偷偷地去印假币，现在大量假币流通到市场，鼠民怨声载道。警察局天天接到收到假币的报警电话！"壮壮鼠气得胡子上下颤动。

"制造假币后果这么严重吗？需要坐牢吗？"夏向棋不解地问。

"当然要！这是犯法的行为。你想想，大家辛辛苦苦劳动换来的成果，比如大米和蔬菜水果，要是一不小心收了假币，那不就等于商品没了、钱也没有赚到，大家能不伤心吗？"

孩子们跟着壮壮鼠来到了集市角落的一个摊位前。

"这位星星鼠就是受害者之一，她几个月前拉了一车红薯去卖，结果收到的全是假币。"壮壮鼠指着摊主说道，"这下红薯也没了，钱也没有赚到。星星鼠的妈妈因为悲愤过度，生病住院了，现在她急需钱给妈妈治病，所以就在这里变卖二手家具。"

"制造假币的人真可恶！"豆丁和孩子们摩拳擦掌，发誓一定要帮忙抓到贪贪鼠。

　　豆丁和孩子们跟着壮壮鼠前往隔壁的食品街，去查找案件的蛛丝马迹。

　　大家被眼前的情景惊呆了。

　　"看吧，假币不仅扰乱了市场秩序，还影响了市民的正常生活。"豆丁也感叹起来。

　　"我一定要把贪贪鼠缉拿归案！"壮壮鼠握紧了手中的警棍。

"为什么私自造币会造成这样的恶果呢？"钱包包不解地看着豆丁。

"喵呜，国家对货币发行的数量是有一定标准的，但假币出现后和真钱混在一起，市面上流通的货币总量上'变多'了，这样会导致'钱'的价值越来越低，我们称之为'贬值'。"

"要100鼠币才能买到一个汉堡，这也太可怕了！"夏向棋害怕地吐了吐舌头。

"所以嘛，私自造币是严重的违法行为。"豆丁皱了皱眉头。

以前粉粉鼠用 1 鼠币就可以买到一个面包。

现在粉粉鼠要用 100 鼠币才能买到一个相同的面包。

　　"头儿，我们在农场的白菜田里发现贪贪鼠的踪迹！"一位鼠巡警急匆匆地跑过来报告。

　　"快，马上派巡警封锁菜田里的所有出口！"壮壮鼠双眼发亮，说完便带领一队鼠警员奔赴现场。

　　经过大批鼠警员数小时的地毯式搜寻，假币头目贪贪鼠终于落网！

报告！假币制造窝点已销毁！

　　"钱不够花，我只想印点钱来用用，这也有错吗？"贪贪鼠还想抵赖。

　　"制造假币是一种非常严重的犯罪行为，你只想到了自己，却不知道对社会造成了多大危害，让鼠民遭受了多少财产损失。我们必须严惩这种行为！"

　　"吱吱吱，没想到制造假币的后果这么严重，我只是想不劳而获，有更多钱花。"贪贪鼠流下了悔恨的泪水。

·知识拓展·

① 假钞

假钞也称假币、伪钞，指仿照真币的图案、形状、色彩等进行伪造的货币。

我是真币，是由圆鼠国统一发行的，有一定辨识度。

我是假币，哈哈，我和真币长得像，要是假币大量流通，会造成物价飞涨，引发市场经济问题哦！

② 纸币的发行

纸币是由国家（或某地区）发行并强制使用的货币符号，如果一个国家突然毁灭或信誉下降，就会导致纸币失效或贬值。

纸币的发行量必须以流通中所需要的货币量为限度。如果纸币的发行量超过了发行限度，会引起物价上涨；如果发行量小于发行限度，会使商品销售发生困难。

确定年度货币供应量

国家批准货币供应量计划

进行待发行货币的调拨

货币进入市场

第 3 话

荒诞的
救国之计

"贪贪鼠假币事件"使圆鼠国的经济遭受了严重的打击，国内鼠心惶惶。某些动物王国甚至中止了与圆鼠国的贸易往来，连游客数量也明显减少了。

为此，鼠王整天忧心忡忡，日思夜想如何救国。

"国王陛下，这是本年度鼠币发行计划，请过目！"

这天，财政大臣前来向鼠王报告今年鼠币发行的计划。

"我国鼠民经济受到了极大的损失，由于经济不景气，大家都非常缺钱，那么怎么样才能刺激消费和振兴经济呢？"鼠王盯着货币发行计划，突然灵机一动。

说做就做，鼠王立刻吩咐财政大臣落实新政策：

增加圆鼠国的货币发行量，每位鼠民发放 1 万鼠币！

很快，一沓沓崭新的钞票迅速地在圆鼠国里流通了起来。刚开始，圆鼠国上下一片欢天喜地，鼠民因为到手的钱变多了，花钱也阔绰了起来。

但没过多久，大家慢慢发现商品的价格不知不觉地飞涨，鼠币越来越不值钱了，大街上随处可见抱着一捆捆鼠币上街的鼠民。

"鼠民手里的钱明明变多了，为什么生活反而越来越糟糕了呢？"钱包包不解地问道。

"喵呜，本猫告诉你们吧。"豆丁知道大家心里的疑惑，回答道："国家虽然可以发行货币，但也不是想发行多少就发行多少的。货币发行量要根据流通所需的货币量来定，一旦发行过多，便会引起货币贬值，导致物价上涨。"

鼠王的荒诞政策违背了国家的造币规律，并没有改善鼠民生活质量。三个孩子实在不忍心看下去了，哀求豆丁想办法帮忙拯救圆鼠国。

　　"喵呜，本猫与鼠王是多年的好友，我怎么可能袖手旁观呢。一起出发去找鼠王吧！"

 豆丁，本王当初没想到会变成这样，现在应该如何是好？

鼠王陛下，王国货币的发行量要以实际经济状况为准，请立刻停止加印鼠币！

 吱吱吱，然后我该怎样振兴经济呢？

　　　　圆鼠国种植业发达，可以加大力度鼓励农作物生产。

但游客也快跑光了，谁来消费呀。

降低旅游产品的价格，吸引各国游客来购物。

圆鼠国

· 知识拓展 ·

① 通货膨胀

通货膨胀是指在货币流通条件下，因货币供给大于货币实际需求导致货币贬值，引起一段时间内，物价持续上涨的现象，其中货币超发是引起通货膨胀的重要原因之一。

故事中的鼠王盲目增加鼠币发行量而导致物价飞涨，鼠币变得越来越不值钱，就是通货膨胀的后果。

② 货币贬值

货币贬值是指单位货币价格下降。货币贬值会在国内引起物价上涨现象，但在一定条件下能刺激生产，并且降低本国商品在国外的价格，有利于扩大商品出口。

现在鼠币贬值，大米卖得好便宜呢！

鼠牙大米
⑤萌兔币/袋

我要多买几斤！

第 4 话

圆鼠国的盛宴

当然我国也有很多名优商品出口呢，例如鼠牙大米，每年出口20万吨，吱吱吱。

这猫爪瓷碗是从双拼猫王国进口的。

落实了经济振兴计划后，圆鼠国的经济重现了生机。

鼠王心情大好，在王宫里准备了丰盛的酒席，邀请豆丁和孩子们共同庆贺。

"喵呜，你们几个小屁孩有口福了，圆鼠国可是动物王国里的美食天堂。"

这是我吃过的最好吃的糕点了！

这种霸王汉堡则是从汪狗国进口的。

吱吱吱，这可是从萌兔国进口的香糕！

 进口是什么意思呀？

 进口是不是放进口里呀？

 进口是指从其他王国购买的、不是本国生产的商品。

第二天，鼠王又盛情邀请豆丁和孩子们一起去飞船制造工厂参观。

飞船制造厂的外观看起来就像一个巨型飞船，非常气派。船头、船身和船尾各有 10 个生产车间，每个车间里又有数十条生产流水线。在车间里，吱吱机器人按照设定好的程序，有条不紊地进行打磨、安装、质检等工序。

"哇！圆鼠国的科技真发达呀！"钱包包被眼前的高科技惊呆了。

"双拼猫王国似乎要比圆鼠国落后那么一点点呢。"夏向棋故意逗豆丁，他还比画了个"一点点"的手势。

"你孤陋寡闻了，这台机器人的研发，我们双拼猫王国也有共同参与呢。"豆丁指了指吱吱机器人。

豆丁说得没错，这些机器是由动物王国共同研发制造的。虽然每个王国都是独立的，但我们之间的经济交流十分频繁，只要大家齐心协力促进经济发展，大家的生活水平就会不断提高。

鼠王带孩子们来到了"未来科技研发室"。这里不仅有本国的科研员工，还有来自双拼猫王国、喜猪国、萌兔国和汪狗国的科研员工。

　　"这不是学学猫嘛，上次见面你还只是个小猫咪呢！"豆丁竟然在这里遇见了老乡。

　　"豆丁博士，多年不见，多亏您一直以来对我的指导，我才有今天呀！"学学猫看到豆丁，激动得快要掉下眼泪了。

　　"原来豆丁是个博士呀，怪不得他什么都懂。"唐果心生敬佩。

　　"喵呜，鼠国有着先进的飞船制造技术，你要多向大家学习，态度要谦虚一点！"

"豆丁自己那么不谦虚，还教别人要谦虚，哈哈哈。"夏向棋这话把唐果给逗乐了。

"谨遵豆丁博士教导，我必定在这里努力学习，把最先进的技术引进到我们双拼猫王国。"学学猫把豆丁的话当作圣旨一样，毕恭毕敬地说。

"技术是看不见的，也可以出口吗？"钱包包突然想到了这个问题。

"喵呜，本猫告诉你们吧，答案是肯定的。这个就类似于人类社会的经济全球化，商品、技术、资金等在各国之间流动，各国的经济相互依存、相互联系和协作，逐渐就演变成了一个经济共同体。"

"谨遵豆丁博士教导！"三个孩子学得有模有样。

知识拓展

1 世界通用货币——黄金

🪙 黄金是一种稀有的贵金属，在地球上的存量低，具有一定的价值。

🪙 黄金自古就充当了货币的角色，在很久以前，人们可以通过淘金这种物理方法得到，不需要化学冶金。

🪙 黄金单位价值高、易储存、易分割，世界性的商品交易出现后，黄金自然成为全球通用货币。

② 经济全球化

经济全球化： 指商品、劳务、技术、资金在全球范围内流动和配置，是各国经济日益相互依存、相互联系的趋势，在一定程度上促进了各国经济的较快发展。

生产全球化： 随着科技的发展，生产领域的国际分工与协作不断加强，世界各国的生产活动相互联系，成为世界生产链条的一个环节。

豆丁的财商教育建议

科技改变世界

亲爱的宝爸宝妈：

如今印有"Made in China"字样的产品遍布全球各地，说明中国已经成为公认的"世界工厂"，我国有很多出口产品排名前列，比如橡胶轮胎、纺织品、日用品、家具等。然而，这个"世界工厂"也面临着诸多考验，如技术创新方面还有很大发展空间等。

科学意识要从娃娃抓起。宝爸宝妈们可以随机挑一些家里的物品让孩子猜生产地，比如一台外国品牌的电子产品，孩子们不一定知道里面的零件大部分都来自中国，比如一台价格不菲的外国手机，中国可能只赚取了微薄的加工利润，远远比不上专利和技术研发的品牌商……通过这样的分析，让孩子逐渐懂得科技改变世界，激励孩子通过自己的努力，长大以后推进中国制造业从"中国制造"走向"中国创造"。

豆丁

FINANCIAL EDUCATION FOR CHILDREN

钱包包的
财商养成记

③ 家里的钱从哪里来？

郑永生 编

江西教育出版社
JIANGXI EDUCATION PUBLISHING HOUSE
·南昌·

图书在版编目（ＣＩＰ）数据

钱包包的财商养成记 / 郑永生编 . -- 南昌：江西教育出版社 , 2021.1
（儿童财商教育启蒙系列）
ISBN 978-7-5705-2257-6

Ⅰ . ①钱⋯ Ⅱ . ①郑⋯ Ⅲ . ①财务管理—儿童读物
Ⅳ . ① TS976.15-49

中国版本图书馆 CIP 数据核字 (2020) 第 254491 号

儿童财商教育启蒙系列·钱包包的财商养成记　　　　郑永生　编

ERTONG CAISHANG JIAOYU QIMENG XILIE · QIANBAOBAO DE CAISHANG YANGCHENGJI

出 品 人：廖晓勇
策 划 人：丘文斐
策划编辑：张 龙　　杨 柳
特约编辑：李知乐
责任编辑：张 龙　　黄 熔
出版发行：江西教育出版社
地　　址：江西省南昌市抚河北路 291 号
邮　　编：330008
电　　话：0791-86711025
网　　址：http://www.jxeph.com
经　　销：各地新华书店
印　　刷：佛山市华禹彩印有限公司
开　　本：889 毫米 ×1194 毫米　　 16 开
印　　张：15.75 印张
版　　次：2021 年 1 月第 1 版
印　　次：2021 年 1 月第 1 次印刷
书　　号：ISBN 978-7-5705-2257-6
定　　价：175.00 元（全 5 册）

钱包包
（绰号：钱包）

- **年龄：** 8 岁

- **身份：** 淘淘小学三年级学生

- **个性特征：**
  爱动脑筋，善于观察，是大家的"脑力担当"

- **口头禅：** "哈哈，聪明如我！"

- **爱好：** 看书，尤其是侦探小说

- **崇拜人物：** 福尔摩斯

豆 丁

- **身份：** 双拼猫王国的神秘来客

- **个性特征：**
  傲娇，迷人，博学多才，财商知识丰富

- **口头禅：**
  "喵呜，本猫告诉你们吧！"

- **爱好：** 旅行，收藏硬币

- **崇拜人物：** 自己

唐 果
（绰号：糖果）

- **年龄：** 8 岁

- **身份：** 钱包包的同班同学

- **个性特征：**
  活泼可爱，口才了得，是大家的"协调担当"

- **口头禅：** "实在是太可爱了！"

- **爱好：** 可爱的动物，弹钢琴

- **崇拜人物：** 贝多芬

夏向棋
（绰号：象棋）

- **年龄：** 8 岁

- **身份：** 钱包包的同班同学

- **个性特征：**
  乐观开朗，富有幽默感，是大家的"开心担当"

- **口头禅：** "民以食为天嘛！"

- **爱好：** 走到哪吃到哪，画画

- **崇拜人物：** 达·芬奇

第 1 话

我能赚钱了

咕——

"肚子有点饿了……"钱包包、唐果和夏向棋路过一家商店的橱窗，里面飘出了甜丝丝的蛋糕香味。

"这个蛋糕真可爱，好想买一个呀。"唐果眼巴巴地看着一个卡通小兔的杯子蛋糕，可他们刚在儿童乐园里把零花钱都花光了。

"唉！哪怕是聪明如我，也不能变出更多的零花钱。"钱包包叹了口气。

"老天，你能不能掉点钱下来啊？好想买蛋糕吃啊！"夏向棋忧伤地对着天空祈祷。

"喵呜，天还没黑呢，怎么就开始做美梦了？本猫告诉你们，钱可不是从天上掉下来的！"

孩子们抬头望去，豆丁正高扬着下巴从树上跳下来，他的身体还是圆滚滚的，看上去比之前更胖了。

"我知道了，天上不会掉钱，但是会掉胖猫！"夏向棋指着豆丁哈哈大笑。

　　"喵呜，和你比起来，本猫可瘦得很！"豆丁落到三个人面前，抖了抖身上的毛，不高兴地嘟囔着。

　　"好豆丁，你来得真是时候，我总想不明白为什么爸爸妈妈去上班就能赚钱呢？"看到豆丁这个老朋友，钱包包眼前一亮。

　　"是呀，为什么工作能赚钱呢？"唐果和夏向棋也百思不得其解。

豆丁听后神秘一笑，向着天空比画出了一个长方形的屏幕。

"这个王国有你们想知道的答案！"豆丁抬起自己的小胖爪，指着一座胡萝卜模样的海岛。

屏幕上亮起一团橘红色的光芒，豆丁和孩子们瞬间被吸了进去。几秒钟后，他们便来到了萌兔国。

"喵呜，萌兔国里有很多胡萝卜农田，还有大大小小的胡萝卜食品加工厂。"

豆丁带着三个孩子来到了胡萝卜农场，此时小兔子们正忙着在田里收获胡萝卜呢。

 果果兔，好久不见，今年农场真是大丰收呀。

咘叽咘叽，豆丁博士你们好！有什么需要帮忙的吗？

 小兔子你好呀！我们是来体验工作的。

咘叽，你们想做什么工作呢？

 那个……工作到底是什么呀？

工作就是劳动，比如拔胡萝卜啦、运送胡萝卜啦，这些都是工作。

 ……

我是一名语文老师，我在给同学们传授知识。

喵呜，本猫告诉你们吧！拔胡萝卜、运送胡萝卜这些统统都是靠体力进行的生产劳动，叫作体力劳动。

那像果果兔那样负责分配工作的劳动，我感觉不是用体力进行的，也能叫作体力劳动吗？

喵呜，分配工作是以消耗脑力为主的劳动，我们叫作脑力劳动，也属于工作。比如医生为病人看病、老师为学生上课等等，都算是脑力劳动。

我是一名儿科医生，我为孩子们诊断病情。

"伙计们，赶快去工作吧！赚了钱买好吃的去！"夏向棋有点等不及了，第一个冲到了萝卜田里。

就这样，夏向棋在田里拔萝卜，钱包包负责把萝卜搬到货车上，唐果则负责把萝卜按大小分类并清点数量⋯⋯

辛苦的劳动之后，孩子们每人获得了 20 萌兔币的酬劳。大家甩着酸痛的手臂，虽然很累，但也体会到了劳动的乐趣。

喵呜，在人类世界里，任何用人单位都不允许雇用未满 16 周岁的孩子哦！

09

随后，豆丁带着孩子们一起来到了胡萝卜食品加工厂。一只神色郁闷的紫色长耳兔引起了他们的注意。

"小兔子，你为什么一直在转圈？是不是有什么烦恼呀？"唐果走上前关心道。

咋叽，我叫朵朵兔。我最近老是被妈妈批评，她说我总是乱花钱，要是我会计算家庭收入和家庭支出，回去就能跟妈妈讲道理了。

喵呜，这有什么难的！你家有什么成员？你知道家里的总收入吗？

我家里只有我和妈妈。妈妈的工作是拔萝卜，每月能赚1000萌兔币；我在这里负责清点胡萝卜汁，每月能赚90瓶胡萝卜汁。

那1000元萌兔币和90瓶胡萝卜汁合计在一起就是你们的家庭收入了。萌兔币是货币收入，胡萝卜汁是实物收入。

劳动和工作

劳动：指的是输出劳动量或劳动价值的人类运动，具体分为体力劳动和脑力劳动两大类。不同的劳动有着不同的收益，不同的职业有着不同的奉献。

体力劳动：农民种庄稼、保洁工人打扫卫生、建筑工人修建高楼、快递员运送包裹……

脑力劳动：医生为病人看病、老师为学生授课、律师帮人打官司、作家写小说……

工作：指的是劳动生产，包括人们从事的体力劳动和脑力劳动。每个人都需要工作，并在社会不同的领域中扮演不同的角色，通过工作来赚取工资，为生活提供保障，实现自己的人生价值和社会价值。

感 恩

感恩是指对别人所给的帮助表示感激，是财商培养中必不可少的一种品质。农民伯伯为我们种下粮食、建筑工人为我们建造美丽的城市、医护人员在新冠疫情期间奋战在最前线……默默奉献的劳动人民让我们的生活变得越来越美好，我们应满怀感恩之心，对他们说一声"谢谢"。

感恩从身边做起

感恩父母

· 含辛茹苦地把我们抚养成人；
· 给予我们关爱、支持与鼓励；
· 是我们遇到困难时坚实的后盾。

感恩朋友

· 我们一起分享成长快乐；
· 我们一起分担烦恼忧愁；
· 让我们感受到了珍贵的友情。

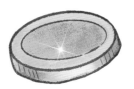

感恩财富

· 让我们买到想要的物品；
· 让我们拥有更好的生活；
· 让我们学会树立目标和执行计划。

豆丁的财商教育建议

劳动创造价值

亲爱的宝爸宝妈：

感恩是孩子殊为可贵的一种品质，它让人性与社会变得更加和谐。在未来生活中，它可以让你的孩子收获更多的友谊、更多的帮助，他们的工作、生活和家庭也会变得更加美好和谐。

作为父母，我们应该积极引导孩子树立正确的劳动观念。我们和孩子一起思考：劳动是否可以让他们改变不良习惯、懂得珍惜生活、了解父母艰辛；劳动是否可以让他们理解付出与收获、获得工资得以生存、实现自我并创造价值。我们可以和孩子一起试试：收拾房间、洗碗、浇花；写两篇读书笔记、拍一组精美照片、学习一门乐器；按时完成作业、睡前关灯、做一顿美味佳肴，等等。爸爸妈妈可以用代币制的方式，向他们支付一定金额的零花钱。

豆丁

第 2 话

朵朵兔
挨批评了

薯片大厦

豆丁和孩子们坐着一辆运送胡萝卜蛋糕的货车来到了吃吃城——萌兔国专门售卖各种食品的城市。

"咦，那不是朵朵兔吗？我们又遇见他啦！"唐果连忙走上前想打招呼，却发现朵朵兔在和妈妈吵架。

"妈妈，为什么不让我买一台棉花糖机呢？"朵朵兔一脸委屈地说，"我这个月只买了一顶 10 萌兔币的帽子，还有一个 50 萌兔币的书包，没买别的东西了！"

8月份电费花了50萌兔币，水费花了10萌兔币，买胡萝卜花了60萌兔币，交通费花了20……

"这个月的开支快超出预算了，你看我的账本上记得清清楚楚。"兔妈妈变戏法一样从手提包里拿出一本小本子。

"妈妈，但本子上记的有些钱不是我花出去的呀。"朵朵兔更委屈了。

"就是呀，怎么能把所有的开支都算在朵朵兔头上呢？"三个孩子也很不解。

"喵呜，本猫告诉你们吧！兔妈妈说得对，家庭开支就是要把家里所花的每一分钱平均分配到每个家庭成员的身上，所以这些钱和朵朵兔的关系很大。"

"家庭开支究竟是怎么计算的呀？"钱包包疑惑地皱了皱眉头。

"把家里的房租、水电费、伙食费和交通费等所有花销加在一起，再平均分配到每个家庭成员身上，得出来的数目就是家庭开支。"豆丁捋着胡须解释道，"注意，家庭开支可不是一个家庭一共花了多少钱，而是指每个成员各自花掉的钱。"

豆丁把大家带到了一家棉花糖店里，爽快地掏出 20 萌兔币请大家吃甜点。

菜单
·胡萝卜奶茶
·棉花糖奶茶
·奶酪棉花糖

欢迎光临

20

家庭开支分为固定开支和非固定开支，固定开支是指一定时期内数目没有太大变化的费用。

房租和水电费是每月都要花出去的，肯定就是固定开支，对吗？

说得没错。固定支出嘛，指的就是在一定时期内必须使用的费用，除了房租、水电费外，还有交通费、电话费等。

棉花糖奶茶真好喝，谢谢豆丁大人！

豆丁，我也懂了，平常用来吃饭的钱肯定也是固定开支。民以食为天嘛，天天都要吃饭呀！但这一顿甜点就不属于固定开支了，如果天天有甜点吃多好……

 喵呜，给你蒙对了，就是这样，非固定开支是指在一定时期内，时有时无的开销，比如说我们不可能天天来吃棉花糖，也不可能天天买零食。

 明白了这些知识，是不是就能管理好家庭支出了呀？

 还不够，还必须懂得开源节流！

 这是什么意思？把流水截断，不让它流了？

错错错，开源节流是指增加收入来源的同时，减少没必要的支出。

开源节流?!

我们不是每天买饮料喝。

妈妈不会每天去买餐具。

我们不是每天都去买玩具。

比如这些就不是每天产生的开支，我们叫非固定开支。

家庭开支

家庭开支是指一个家庭一般生活开支的人均细分，一般分为固定开支和非固定开支。

固定开支是指在一定时期内数目基本不改变、且没办法节省的费用，如每个月的水费、电费、煤气费等等。

非固定开支是指生活中有时会有、有时没有的开销，如买衣服、买玩具、买零食等等。

月份	水费	电费	煤气费	三餐	其他费	合计费
三月	80	160	30	1000	530	1800

将以上所有的开支总和除以家庭人口总数，就可以计算出当月每个家庭成员的开支。

假设家里有 3 口人，则三月份每个家庭成员的开支为：

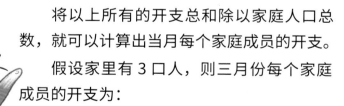

$$1800 \div 3 = 600 \text{元}。$$

珍　惜

　　物质财富的取得需要付出艰辛的劳动，一米一粟、一针一线都来之不易，我们没有任何理由去浪费。学会珍惜财物并养成勤俭节约的习惯，不仅能为自己积累财富，对个人成长和社会发展都有着重要的意义。

珍惜生活点滴

食　物

· 明白粒粒皆辛苦的道理；

· 做饭、点餐以够吃为原则；

· 在外就餐，吃不完可以打包。

衣　物

· 爱护衣物，尽量不弄脏弄破；

· 衣服破了可以当抹布继续使用；

· 不穿的衣物可以捐赠给有需要的人。

生　活

· 顺手关灯、关水，节约水电；

· 爱护花草树木；

· 不随意丢弃垃圾，学会垃圾分类。

豆丁的财商教育建议

聊一聊家庭收入

亲爱的宝爸宝妈：

　　孩子目前对金钱还没有足够的认识，当他们问起家里的财务情况时，父母不必过分回避，让他们用平常心对待，不要因财富的多少而感到自满或自卑。

　　我们要适当让孩子了解家庭经济状况。试试和孩子一起算一算：家里每月的收入是多少，有哪些固定的支出以及可能的临时性支出，列出清单。我们还可以从日常购物开始，出门前和孩子做好约定，根据预算，我们只能买哪几样东西。对于孩子的一些过分要求，即使买得起，我们也要坚决说"不"，让孩子知道不是"想要"什么就有什么，而是"需要"什么才买什么。家里的钱永远是有限的，我们要让孩子养成良好的购物习惯，只买必需的、急需的。

豆丁

第 3 话

兔妈妈的新烦恼

为了表达对豆丁和孩子们的感谢之情，兔妈妈做了一顿美味的萝卜餐款待所有人。但在吃饭的过程中，兔妈妈不时地唉声叹气。原来是家里的锄草机坏了，但新的除草机要 800 萌兔币，兔妈妈手里没有足够的萌兔币。

朵朵兔毫不犹豫地把自己储蓄罐里所有的萌兔币倒了出来，可是，只有 100 萌兔币不到，这些钱远远不够。

"喵呜，让本猫来帮助你们吧！首先需要计算一下还差多少萌兔币。"豆丁得意地指挥了起来。

这个月的固定支出要控制在 700 萌兔币以内，其他生活费差不多 300 萌兔币，除草机就要 800 萌兔币，要想不超过预算……我们还差 400 萌兔币。

"喵呜，那这 400 萌兔币就交给本猫了。开源节流的第一个方法是管理财物，让金钱变得多一些。比如把萌兔币存到银行，一段时间后，会得到一定的利息。"

豆丁带大家来到了兔兔银行的柜台前，拿出 200 萌兔币存了进去，然后用剩余的 200 萌兔币挑选了收益比较好的保险产品。

"咘叽咘叽，那第二个方法呢？" 朵朵兔被点燃了好奇心。

"第二个方法嘛，就是在自己时间和精力允许的情况下，找一些兼职做。" 豆丁回答道。

朵朵兔觉得这个主意不错，在自己的小本子上记了下来。

去"萌兔大超市"购物是朵朵兔最喜欢的事情了，那里有各种各样的美食。豆丁和孩子们也一起来了。一进门，朵朵兔就被一名卖特价肉罐头的推销员拦住了，一顿游说之后，他变得迷迷糊糊的，似乎有点儿动心了。

促销

新鲜

特价

别买这个，你是兔子，不是狗哇！

我只是想买一盒放在家里，等好朋友灰灰狗来做客时请他吃。

灰灰狗又不是天天来你家做客，肉罐头不是你们日常必需的物品，无论多便宜也没必要买。这就是开源节流的第三个方法——不买没有用的东西。

兔妈妈，你可以多对比不同的胡萝卜罐头，尽量挑选品质和价格都适中的来买。

猫砂

猫砂

20

15

8

33

· 知识拓展 ·

开源节流

开源节流的字面意思是开发水源、节制水流，而用在财商培养方面，就是增加收入、节省开支、不乱花钱。以下几点是开源节流的有效途径。

记账：把家庭收入以及花费的账目详细记录下来，知道自己到底挣了多少钱、花了多少钱、钱花在了什么地方。

减少冲动购物：不需要的东西尽量不买，减少冲动购物。

免费资源：最大限度地利用免费资源，比如可以在学校图书馆借阅参考书，也可以多去免费开放的博物馆或科技馆参观。

兼职：小朋友长大了以后，可以在时间和精力允许的情况下，在本职工作以外兼任其他工作职务，从而获得一些额外报酬。

目标与计划

无论做人还是做事，都应该要预设一个目标，并为目标制订计划。有了目标，可以避免因做事盲目或犹豫而导致的时间和金钱的浪费。本章提及的开源节流，其实就是有计划地获取金钱并节省开支。有了明确的理财目标，才能更好地把握金钱流向，规划理财计划。

为目标制订计划

学　习
· 安排每天、每周、每月学习任务；
· 合理利用学习时间，做到劳逸结合；
· 学会做学习总结，及时调整目标进度。

锻　炼
· 根据目标来选择锻炼强度；
· 计划每周锻炼内容、时长；
· 自觉执行锻炼计划，坚持不懈。

购　物
· 明确自己"想要"和"需要"的东西；
· 先买"需要"的，适量买"想要"的；
· 有自己的账本，做好购物记录。

豆丁的财商教育建议

如何支配零花钱？

亲爱的宝爸宝妈：

　　不少家长在孩子进入小学阶段后，就允许他们自由支配自己的零花钱了。学习有计划地使用零花钱，避免让孩子养成花钱大手大脚、没有节制的坏习惯。

　　父母应该以身作则，为孩子树立勤俭节约的好榜样，例如在家和外出就餐时不浪费粮食；对于一些非必要性支出，可以选择替代性支出方案，例如出门尽量选择步行和公共交通，喝白开水代替饮料等；还可以变废物为宝，尽量二次利用废旧物品。我们要让孩子从小培养记账的好习惯，不妨和孩子一起画一张表，注明日期、项目，写明钱的来源和数额、钱的支出和数额，最后计算出收支结余。马上行动起来，记录填写最近一周的收支和零花钱结余情况吧。

豆丁

第 4 话

遇见碗碗兔

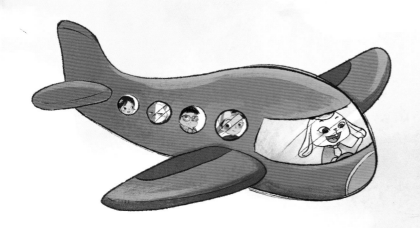

　　大街上的电子屏幕里正在滚动播放"欢乐岛杂技大会"的消息，三个孩子看得心痒痒，便苦苦哀求豆丁带他们去长长见识。豆丁虽然面露难色，但其实他也很想再次目睹一位老朋友的表演，于是便答应了孩子们。

　　一转眼的工夫，天空中多了一架大飞机，像一只展翅高飞的大鸟，载着豆丁和三个孩子冲上了万尺高空。透过明亮的玻璃窗，孩子们近距离地观察着一团团棉花糖般的白云，兴奋得难以言表。

蓝天蓝，白云白，好像海里漂帆船。

 帆船装的是什么？走得这样慢……

不装鱼，不装虾，装了几名胖娃娃！

 胖娃娃，夏向棋，是你是你还是你！

啧啧……一群小屁孩。

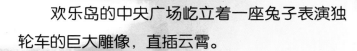

欢乐岛的中央广场屹立着一座兔子表演独轮车的巨大雕像，直插云霄。

"好豆丁，你快说欢乐岛上的杂技节目究竟都有什么嘛！"钱包包按捺不住好奇心问道。

"喵呜，保证让你们大开眼界！"豆丁故作神秘地眨了眨眼。

　　杂技大会从上午十点开始一直持续到晚上，会场周边弥漫着火焰的气息和爆米花的香味，让人感到异常激动。

　　最后一个节目是大咖碗碗兔的表演。

　　"喵呜，别眨眼，最精彩的来了。"豆丁罕见地露出了期待的神情。

　　只见一只粉红兔子在一片热烈的掌声中不紧不慢地优雅登场。

　　她用脚把一个个瓷碗轻轻松松地放在头顶，力度和位置都十分精准。不仅如此，她还能一边顶着碗，一边做出空中劈叉、金鸡独立、单手倒立等高难度动作，甚至还能顶着碗踩独轮车过钢丝呢。

　　孩子们都看呆了，嘴巴张得老大，差点儿忘记了鼓掌。

因为豆丁和碗碗兔是多年的好友，孩子们便跟着豆丁一起，来到了碗碗兔的家。

见到碗碗兔之后，大家把刚刚藏在心里所有的赞美之词都表达了一遍，甚至夸她是世界上最有天赋的杂技演员。

"哈哈哈，孩子们，我完全没有你们想象中那样有天分。我刚开始学习顶碗的时候，平衡感不好，力道也不好，连身体动作都控制不好，更别说把碗精准地放到头顶了。"碗碗兔大笑着摇了摇头。

"我在训练时摔碎了无数个碗，身上也被瓷碗割破了无数次。但我不想放弃，就凭着不认输的精神，我最终咬牙坚持了下来，转眼就坚持了五年！"

听了碗碗兔的经历后，钱包包沉默了许久。

"喵呜，果然是术业有专攻。只有坚持不懈才能成为行业里的佼佼者！"豆丁忍不住感慨道。

现在我8岁，可以一边顶碗一边表演高难度动作了！

在萌兔国的最后一天，豆丁带着孩子们来到了风车城游玩，据说，在大风车前许愿，梦想就能实现。

此时一只不停抹眼泪的短耳兔进入了他们的视野，唐果忍不住走过去安慰她。原来她叫美美兔，有着很多梦想——想当画家、作家，还想当钢琴家和舞蹈家，但没办法一下子把所有课程都学好。

喵呜，我们每天的时间和精力是有限的，想在同一时间做好几件事，难度非常大，很容易导致每一门学科都学不好。我提议你呀，在这四个爱好里选出你最喜欢的两个，然后专注持续地学习。

咱们一起在大风车前为美美兔许愿吧，祝愿她早日梦想成真！

要不许两个愿望吧，我想现在立刻有大蛋糕吃，我饿了……

谢谢你们，我心情好多了，我带你们环游风车城吧！

· 知识拓展 ·

① 劳动价值

　　劳动价值指一个人通过劳动产生的价值，这种价值往往有高低之分，比如餐厅、服装店、酒店等场所，服务水平越高，服务费用就越高，顾客享受的服务质量也越高。

② 术业有专攻

　　"闻道有先后，术业有专攻"出自韩愈的《师说》，意思是指所听到的道理有先有后，技能学术各有专门的研究，也指对待学习或工作的一种态度。在这个过程中，一定要集中精力进行学习研究，力求做到更好。每个人都应该具有"干一行，爱一行"的美好品格。

棋龄60年

我年轻时是职业象棋手，每天都在钻研棋局，不知不觉就下棋60年喽！

棋龄3年

专 注

专注是指集中全部精力去完成一件事。比如学生的首要任务就是学习，在上课时集中精力听老师讲课，课余时间还可以发展个人兴趣，为日后参与社会劳动打下基础，通过知识和技能创造财富与自身价值。

如何做到专注学习

选择方向

· 选择一项技能作为学习方向；

· 把时间和精力用在努力的方向上；

· 每个阶段只专注一项事情，保证高效率。

重复练习

· 舒适区，是已经熟练掌握的部分；

· 学习区，是不断成长和进步的部分；

· 恐慌区，是带来压力甚至恐惧的部分。

学习进步的过程就是舒适区不断扩大的过程。当你通过不断重复、持续练习而掌握一项技能，让自己进入学习区，就不会感到过分轻松或紧张害怕，逐步达成自己的学习目标。

豆丁的财商教育建议

提升专注力

亲爱的宝爸宝妈：

专注是一种宝贵的品质，一个人能否集中精力做某件事情，取决于是否有足够的专注力。拥有良好的专注力是孩子认真学习、成就目标的保障，但专注力并非与生俱来，它还需要后天的培养。

家长要帮助孩子摆脱三分钟热度，比如当孩子极度想要某种东西时，不要立刻答应他们的要求，先提出一个小目标让他们去完成。可以和孩子一起玩乐高、拼图或桌游；也可以和孩子一起学表演、围棋或编程；甚至可以和孩子来一场游戏比赛，要注意规则和公平，允许些许谦让。比赛输赢不重要，重要的是我们能引导孩子集中精力持之以恒，通过自己的努力来完成一件了不起的事情，这样不仅能锻炼孩子的专注力，还能教会他们珍惜自己的劳动成果。

豆丁

FINANCIAL EDUCATION FOR CHILDREN

钱包包的

财商养成记

④ 该如何花钱？

郑永生　编

江西教育出版社
JIANGXI EDUCATION PUBLISHING HOUSE
· 南昌 ·

图书在版编目（ＣＩＰ）数据

钱包包的财商养成记 / 郑永生编 . -- 南昌：江西教育出
版社 , 2021.1
（儿童财商教育启蒙系列）
ISBN 978-7-5705-2257-6

Ⅰ .①钱… Ⅱ .①郑… Ⅲ .①财务管理—儿童读物
Ⅳ .① TS976.15-49

中国版本图书馆 CIP 数据核字 (2020) 第 254491 号

儿童财商教育启蒙系列 · 钱包包的财商养成记　　　　　　郑永生　编

ERTONG CAISHANG JIAOYU QIMENG XILIE · QIANBAOBAO DE CAISHANG YANGCHENGJI

出 品 人：廖晓勇
策 划 人：丘文斐
策划编辑：张 龙　 杨 柳
特约编辑：李知乐
责任编辑：张 龙　 黄 熔
出版发行：江西教育出版社
地　　址：江西省南昌市抚河北路 291 号
邮　　编：330008
电　　话：0791-86711025
网　　址：http://www.jxeph.com
经　　销：各地新华书店
印　　刷：佛山市华禹彩印有限公司
开　　本：889 毫米 ×1194 毫米　　　 16 开
印　　张：15.75 印张
版　　次：2021 年 1 月第 1 版
印　　次：2021 年 1 月第 1 次印刷
书　　号：ISBN 978-7-5705-2257-6
定　　价：175.00 元（全 5 册）

赣教版图书如有印装质量问题，请向我社调换　 电话：0791-86710427
投稿邮箱：JXJYCBS @ 163.com　　　　　来稿电话：0791-86705643
赣版权登字 -02-2021-001

钱包包

（绰号：钱包）

- **年龄：** 8 岁

- **身份：** 淘淘小学三年级学生

- **个性特征：**
  爱动脑筋，善于观察，是大家的"脑力担当"

- **口头禅：** "哈哈，聪明如我！"

- **爱好：** 看书，尤其是侦探小说

- **崇拜人物：** 福尔摩斯

豆 丁

- **身份：** 双拼猫王国的神秘来客

- **个性特征：**
  傲娇，迷人，博学多才，财商知识丰富

- **口头禅：**
  "喵呜，本猫告诉你们吧！"

- **爱好：** 旅行，收藏硬币

- **崇拜人物：** 自己

唐 果

（绰号：糖果）

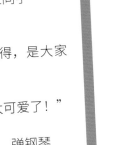

- **年龄：** 8 岁

- **身份：** 钱包包的同班同学

- **个性特征：**
  活泼可爱，口才了得，是大家的"协调担当"

- **口头禅：** "实在是太可爱了！"

- **爱好：** 可爱的动物，弹钢琴

- **崇拜人物：** 贝多芬

夏向棋

（绰号：象棋）

- **年龄：** 8 岁

- **身份：** 钱包包的同班同学

- **个性特征：**
  乐观开朗，富有幽默感，是大家的"开心担当"

- **口头禅：** "民以食为天嘛！"

- **爱好：** 走到哪吃到哪，画画

- **崇拜人物：** 达·芬奇

只喝面汤的
帅帅猪

假日的儿童图书馆里，金色的阳光透过玻璃窗照在了地板上，整个屋子暖洋洋的。

"哇，我最爱的侦探小说系列，我想买很久了！"钱包包把书拿在手上看了又看，舍不得放下。

"但一套居然要 198 元，这也太贵了吧？我身上只有 100 元……"他把求助的目光投向了朋友们。

"我和向棋都没带钱呢。"唐果无奈地皱了皱眉头。

"有办法了，分期付款不就行了？"钱包包突然灵机一动，"我记得爸爸妈妈买小轿车和液晶电视的时候，就是用分期付款的方式，只要先付一小部分钱就可以把东西拿回家了，我也试试用分期付款买书吧。"

"喵呜，你出的是什么馊主意！"头顶上方突然传来了熟悉的声音，孩子们被吓了一跳，原来是好久不见的豆丁。

分期付款已经属于超前消费了，可不适合你们小孩子，你们还是乖乖存够了钱再买吧！

 什么是超前消费呀？

就是在钱不充裕的情况下，提前把东西买到了，然后再付钱的消费方式。

 可以先拿到想买的东西，又不用立刻付款，这岂不是很方便吗？有什么不好呢？

喵呜，本猫告诉你们吧！分期付款会产生利息，实际上给出去的钱会更多。另外，一旦养成了分期付款的习惯，就有可能变成过度消费了！

呜呜呜……因为每个月花的比赚的多很多，我积累了一堆债务……

"喵呜，等本猫带你们去喜猪国学习一下吧！"见孩子们大眼瞪小眼的模样，豆丁决定带他们去长长见识。

熟悉的橙色光芒又出现了，大家都被吸了进去……

眼前的这座城市一片荒凉，四处都是破旧不堪的房子，更别提什么高楼大厦了，仿佛回到了旧时代。

别过去，那边有猪在抢劫！

好像电影里的情节呀，会有猪大侠来救他吗？

喵呜，这里是喜猪国"酷酷城"，因为猪猪们都生活得非常辛苦，所以现在改名叫"苦苦城"了。

这座城市为什么这么穷呀？

喵呜，还不是因为苦苦城的居民经常过度消费嘛，他们每月赚的钱都要拿去还债。

太可怕了！过度消费就是个大坑啊！

还有一个坑呢，本猫带你们去光光城看一下。

光光城看起来比苦苦城富裕得多，随处可见大型的超市、商场和餐馆，猪猪居民的打扮也非常时尚。

"民以食为天，吃面能成仙！吃面去咯！"夏向棋一看见面馆，便头也不回地直奔过去，大家只好无奈地跟了过去。

香香饭庄

哼哼商场

这时，一只狼吞虎咽的猪吸引了钱包包的注意。他上下打量这只猪，他的脖子上系着一条新潮的领带，右手戴着一只金灿灿的手表，身上还散发出一阵阵奇特的香味。

他一碗接着一碗地喝汤，却不吃面，这怎么能吃饱呢？钱包包按捺不住好奇心走了过去。

你好，猪大叔，你是不爱吃面吗？

 呼噜，我帅帅猪超级喜欢吃面呀，但我月初就把整个月的钱花光了，我现在没有足够的钱吃面，只能喝面汤。

喵呜，帅帅猪就是典型的"月光族"。

 "月光族"是这里的少数民族吗？

喵呜，你想象力也太丰富了，"月光族"说的是不会计划用钱的人。这些人每个月都会把钱花光，到了月底就没有节余了。

· 知识拓展 ·

① 超前消费与过度消费

超前消费是指当下的收入水平不足以购买现在所需要的产品或服务，所以用分期付款或者预支工资的形式进行消费。

过度消费是指消费者为了追赶潮流和满足虚荣心，超标准地提高自己的生活档次与购物水平。

② 分期付款

买卖双方签订契约，如房子、汽车这些价格昂贵的物品，可以选择分期付款的方式购买。在一定程度上，这种方式可以减轻消费者购物时的资金压力，但每期都会产生相应利息，所以支付总价比一次性付款要高。

300万

延时享受

    延时享受是放弃当下的满足而谋求更有价值的长远结果。社会上的诱惑五花八门，如果不管束自己的欲望而花费大量时间金钱在其中，对个人成长和发展有害无益，我们应加强自我控制能力，学会克服眼前的诱惑，未来享受更大的幸福。

如何做到延时享受

    假如钱包包看中了一台微型单反相机，而他明白自己的零花钱相当有限，便可以选择先存下更多的零花钱，如果日后还是想买一台属于自己的照相机再去购买。经过等待而买到的东西，自己也会更加珍惜，更加享受得到的喜悦。

豆丁的财商教育建议

懂得延时享受

亲爱的宝爸宝妈：

　　绝大多数孩子没有收入来源，只能每周或每月从父母手中获得零花钱。家长应指导孩子学会延时享受，学会合理使用零花钱，拒绝成为"月光族"。

　　在孩子成长的不同阶段，家长可以结合孩子的个性和特点，给他们一些正向的指导：孩子4岁时，可以用生活中简单的小事加以引导，比如放弃今天的一颗糖，能换取将来的两颗糖，让他们懂得选择和取舍；孩子7~8岁时，可以在交流中逐渐融入储蓄的概念，比如每周少吃一个冰激凌，到了月底用省下来的钱买喜欢的玩具；孩子13~14岁时，就要开始培养自主储蓄的能力了，比如每月有计划地攒零花钱；孩子成年以后，就可以完全放手，让他们为如何实现自己设定的目标，做好切实可行的财务规划。

豆丁

第 2 话

购物大比拼

玩具区太吸引我了，不过我的喜猪币有限，还是先买书包吧，刚好我的旧书包要换了。

　　"喵呜，分清想要和需要是非常必要的。本猫就让你们玩一场游戏吧，叫作'购物大比拼'！"豆丁得意地捋了一下胡须。

　　"我发给你们每人100喜猪币，这笔钱给你们吃午饭，剩余的钱可以购买一件你们认为有需要的物品。"

　　豆丁话刚说完，帅帅猪和孩子们便跑得不见踪影。

　　两小时后，他们都带着心爱的物品高高兴兴地回到了集合点。帅帅猪为了买他心爱的香水，没有钱吃午饭了，肚子饿得咕咕叫。

淘淘商城欢迎您!!

"告诉本猫，你们为什么要买这些物品？"豆丁对他们购买的物品一一进行了检查之后，问唐果和夏向棋。

"我们太喜欢这些东西了，所以就买回来了，其实我们也没有多想……"唐果和夏向棋两人你看看我，我看看你，一时半会儿也没有想到合适的理由。

喵呜，果然不出所料……

18

"喵呜，那可不应该。我们的游戏规则是买有需求的物品，你们买的都是想要的物品。我们在花钱的时候，应该先想一想，所购买的物品是不是真的有需要。"豆丁摆了摆手。

模型50
零食30
合计:80 喜猪币

面人65
吃饭10
合计:75 喜猪币

书包80
吃饭15
合计:95 喜猪币

香水100
合计:100 喜猪币

本猫宣布，这次购物大比拼的胜利者是——钱包包同学！

　　"你本身就是一只香猪，身体会自然散发香味，香水对你而言根本就是不需要的物品。"豆丁扭头对帅帅猪说，"而且钱要先保证吃上午饭，剩余的才能拿去购物，而你一看见喜欢的物品就冲动购买了，导致午饭也没吃，这种消费习惯是非常不好的。"

　　豆丁还不忘表扬钱包包买书包的行为。"钱包包不仅吃饱了，而且还买了书包，用有限的钱购买了自己有实际需求的物品，这才是正确的消费态度。"

小花文具店

价格
73元

喵呜，平常买东西可以货比三家，争取买到质量好、价格优惠的东西。这样积少成多，可以省下不少钱呢。

我平时买书包会多逛两家文具店，有时发现，同样的书包，在不同商店的售价相差十几元钱呢。

叮叮文具

价格
80元

大黄文具店

价格
89元

· 知识拓展 ·

想要和需要的区别

"想要" 的物品：指我们渴望拥有的，或者比已经拥有之物更好的物品，但不是生活必需品。比如零食、玩具、名牌电脑、奢侈的手表等等。

妈妈，我想再买一辆玩具小汽车！

上个月才给你买了一堆玩具，没有必要再买了。

"需要" 的物品：指我们生存必须拥有、不可或缺的物品，比如衣服、粮食、水、住房等等。

有些"想要"和"需要"完全不用花费金钱，我们需要空气但不用为空气付钱；我们通过慢跑去锻炼强健的体魄，而在户外跑步是免费的。然而，大部分"需要"和"想要"是要花费金钱的，比如衣食住行。

理性消费

　　理性消费是指消费者在消费能力允许的条件下，按照追求效用最大化原则进行的消费。消费者要根据自己的学习和生活需要做出合理的购买决策，当金钱还不充裕时，应该追求价廉物美、经久耐用的商品。

买东西要货比三家

　　货比三家是指在购物过程中对商品进行多家对比的过程，是实行理性消费的一种有效方式。比如超市里共有三款牛奶可供购买，通过对比，在容量一致的情况下，我们可以选择购买品牌口碑更好、价格更亲民、生产日期更新鲜的那一款牛奶。

·豆丁的财商教育建议·

如何规划用钱？

亲爱的宝爸宝妈：

　　在外购物时，家长可以尝试让孩子判断这些物品是否真的需要、如果不买是否会影响正常生活等，从而避免孩子乱买东西。规划用钱是一门艺术，关键在于学会计划预算、量入为出和货比三家。用钱前先学会储蓄，哪怕是不起眼的零用钱。用钱时，可以和孩子讨论以下问题：

　　"为什么"要买？需要还是想要？急需还是不急需？必需还是可有可无？"预算"多少？我有多少钱？准备花多少钱？可否再存些钱再买？

　　"量入"什么——我怎样才能有钱？如何获得压岁钱、零花钱、奖励金？"量出"什么——我能买什么？我能买多少？这些物品是否有替代品？"比较"什么——比性能、比价格、比品牌、比商家、比服务。

豆丁

第 3 话

说到就要做到

　　帅帅猪想尽地主之谊，于是他邀请大家一起去水城游玩。

　　乘上了游艇的孩子们兴奋不已，七嘴八舌地谈论着在喜猪国的所见所闻。忽然，一艘鸭子小艇迎面撞了过来，游艇又大又结实，只是晃了一下，可那小艇却被撞翻了，上面的猪小哥也掉进了水里。

　　眼明手快的帅帅猪立刻跳下去把猪小哥救上了游艇。不料那猪小哥连感谢的话都忘了说，便号啕大哭起来。

27

呼噜，我叫诺诺猪，我 5 点前要赶到丁丁猪的家！但我的小艇被撞坏了，恐怕来不及了。

可怜的小猪，你去丁丁猪的家是有什么急事吗？

 我爸爸一个月前生病了，而我当时没有足够的钱付医药费。丁丁猪知道后，二话不说就借了我 1000 喜猪币，我答应今天下午 5 点前要把钱全额还给她的。

真让人感动啊，你先别哭，我们带你过去吧！

于是，所有人陪着诺诺猪一起，直奔丁丁猪的家。

我不想做一只失信的猪，呜呜呜呜……

在大家齐心协力的帮助下，诺诺猪在 5 点前到达了丁丁猪的家，并把钱如数还给了她。看到诺诺猪为了兑现诺言而竭尽全力的行为，三个孩子都无比感动。

"诺诺猪真是一只讲信用的猪！"豆丁对诺诺猪大加赞赏。

"好豆丁，什么是讲信用呀？"钱包包不太理解这个词。

"喵呜，本猫告诉你们吧！信用是指一种相互信任的关系，只有说话做事遵守承诺，对方才会相信你，愿意和你成为朋友，并在你有需要时施以援手。"

真猪艺术饣

售票处

猪·奇奇

告别了诺诺猪，豆丁和孩子们在回程的路上刚好经过喜猪国的艺术馆，便决定一同前往参观。

在排队买票时，钱包包在地上捡到了一本小本子。他翻开本子想查看失主的名字，却发现本子上密密麻麻地记录着失主每天的花钱状况。

这本本子记录了不同时间的收入和支出信息，写得好详细呢。

喵呜，这是一本儿童账本，看来失主是一只懂得计划花钱的猪！

这时，一只小猪慌慌张张地跑了过来——原来他就是本子的主人。

记账是家长的事情吧？你还小，为什么要记账呢？

我叫贝贝猪，妈妈爸爸教育我，从小养成记账的好习惯……

哈哈，说得头头是道嘛，我还没有记账的习惯呢。

我用的是儿童账本，每天记录下自己收到多少零花钱，又花费了多少，时间久了，能省下不少钱买颜料呢！

你们啊，可以多向贝贝猪学习，学会使用儿童账本，记录一下自己零花钱的收支情况。

"呼噜，我以前也没有记账的习惯，总是想不起自己的钱到底花在哪里了，现在把花钱记录都写在账本上才发现，自己居然不知不觉间花了这么多钱，有时还会买到一些用不上的东西，有点浪费了……"贝贝猪吐了一下舌头。

　　几个孩子听了，都深有感触地点了点头，他们以前也经常冲动消费，买了很多不需要的东西堆在家里，既浪费钱，又占位置，整理起来也麻烦。

钱花到了哪些地方，我都用儿童账本记录下来，以后买东西就心里有数了！

我以前竟然买了这么多同类的玩具，现在都不玩了……

都怪我平时丢三落四的，文具买了又买，太浪费了……

这些模型都好贵，花了不少零花钱，还占地方……

· 知识拓展 ·

① 借与还

在日常生活中，我们有时难免要向别人借东西，小至文具、书籍，大至金钱、电子设备，我们都要养成借了东西及时归还的习惯，才能赢得更多人的认可和信赖。

② 借物礼仪与还物礼仪

借物礼仪：首先要征得物品主人的同意，不能不问自取。还要注意有礼貌，要用"打扰了""请""可以吗""谢谢"等用语。如果别人不愿意借，也应该礼貌地表示感谢。

还物礼仪：对于借来的物品我们应该加以爱惜，用完后要及时归还并表达谢意。假如不小心损坏了借来的物品，应该立即向物品主人道歉并主动赔偿。

知识拓展

③ 各种各样的账本

账簿：账簿是货币、货物进出的记录，是具有一定格式的、由若干账页组成的账册。账簿全面、系统、连续记录各项经济业务，也是会计留存资料的重要工具。

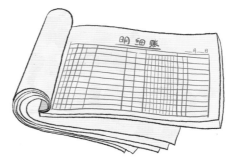

儿童账本：为培养儿童理财能力而特制的一种笔记本，通过家长的引导和教育，帮助儿童记录其收支情况，包括收进的和花出去的费用，主要包括零花钱、压岁钱的收入和支出。

④ 个人一周记账简易模板

零花钱周记账（元）			
时间	收入	支出	合计
星期一	50	5	
星期二	8		
星期三		8	
星期四		30	
星期五	6		
星期六		20	
星期日		18	
小结	64	81	-17

信　用

　　信用指的是因为履行了自己的诺言而获得别人的信任，在商品交易中，它是在买家和卖家之间形成的一种相互信任的关系。当一个人信用好，他就会得到更多人的认可与信赖，同时可以收获更多的财富。

做个守信用的人

· 说前要考虑好，不要轻易作承诺；

· 对于自己做不到的事，要诚实回答，礼貌地拒绝；

· 答应帮助别人的事，要尽最大努力做到；

· 无论多小的事情，都要重视自己的承诺。

小账本，大用处

亲爱的宝爸宝妈：

　　记账是孩子学会理财的开始，可以帮助孩子定期审视收支情况，修正不良的消费行为。教孩子记账，不只是为了让他们记录零花钱的收入和支出，更是帮助他们建立"财务规划"的意识。

　　家长可以先送一本漂亮的账本给孩子，引导他们自己画出财务收支表格。注意，孩子的账本记录要尽量完善，既要列出各种零花钱的收入，又要登记好日常消费、送朋友礼物、捐赠等项目，让孩子们在记账的同时逐渐掌握自己花钱的规律。家长还应奖罚有度，如果孩子一个月内坚持记账并合理规划支出，就可以奖励他们吃一顿大餐或买一件他们喜欢的玩具；如果孩子半途而废或收支不合理，便要对孩子进行一点小惩罚，比如下周零花钱减半等。

　　　　　　　　　　　　　　　　　豆丁

第 4 话

为猪猪献爱心

眼看明天就要离开喜猪国了，为了给此次的旅行画上一个完美的句号，豆丁带着孩子们一起去了喜猪国的名山——天嘟山。

高高兴兴去爬山，东张西望四处看。

手一抖，脚一滑，差点摔个仰八叉！

你走那么后面，摔倒了我们也看不见！

喵呜，是时候让你们长长见识了。

咦？前面的猪猪们在干什么呢？

这时，几只抱着"爱心募捐箱"的小猪出现在了他们面前。

"大家好，欢迎你们来到喜猪国游玩！"其中一只小猪说道，"我们的朋友粉粉猪上周在爬山的时候不小心摔了一跤，把左脚的骨头摔断了，现在急需做手术治疗。粉粉猪家里不太富裕，负担不起全部手术费。所以我们在这里举办了这个爱心募捐活动，希望大家可以伸出援手。"

这里是我一点心意，希望病人早日康复。

非常感谢您！

休息

43

“我要献爱心，希望粉粉猪手术成功。”钱包包掏出了零钱。

唐果和夏向棋发现口袋里只剩下一点点零用钱，两人都为自己捐的钱太少而有些不好意思。

喵呜，无论捐款是多是少，体现的都是一份爱心，爱心是不分大小的，本猫也为你们感到骄傲！

　　"大家帮助他人渡过难关的心情是一样的。"豆丁看出了他们的小心思，走过去拍着两人的肩膀说，"善款积少成多，一定能帮助粉粉猪支付医疗费的。"

　　粉粉猪手术很成功，看到前来探望的孩子们，他感动得眼眶都湿润了。

　　"看来大家要互帮互助，世界才会变得越来越美好。"钱包包喃喃自语着，还不忘握着粉粉猪的手。

·知识拓展·

慈善和公益

慈善：指的是人们自愿奉献爱心与援助的一种行为，是为增加人类福利所做的努力，比如对贫困山区人民进行金钱捐助、物资捐助等。

公益：指的是公共利益事业的简称，是个人或团队组织自愿通过做好事、行善举而提供给社会公众的公共产品，比如为社区打扫卫生、去敬老院看望老人、为灾区捐款等。

　　慈善公益是对社会有责任感的一种行为，每个人都可以参与。慈善公益不是用捐了多少钱财来衡量的，其意义在于人们用爱心温暖他人，唤醒世界的善意，同时也体现了自己的价值。

分 享

　　分享是和别人共享快乐的行为，把带给自己愉悦的事物分享给别人，别人也收获了一份快乐，同时你也会获得更多人的认可和帮助。通过分享，还能结识更多有不同人生经历和思维方式的人们，有助于自己不断去借鉴、学习和成长。

我们可以分享什么

分享物品：食物、饮料、玩具、文具等；

分享时间：花时间与朋友聊天，陪伴亲人；

分享财物：捐钱捐物，帮助他人渡过难关；

分享想法：把自己的观点分享出来，产生思想火花的碰撞。

分享的快乐

亲爱的宝爸宝妈：

　　分享是和别人共享的行为，懂得分享的人会获得更多人的分享和帮助。学会分享，意味着懂得把自己拥有的物品、情感、时间和思想与他人共享，在共享过程中自己也能获得他人相应的"馈赠"。

　　我们可以在吃零食的时候，问问孩子："想吃吗？"这就叫分享；我们可以在困惑和喜悦时，问问孩子："爸爸很烦恼，想听听吗？""妈妈很开心，想聊聊吗？"让他们收获被分享的满足感，这也叫分享；当孩子生病时，问问孩子："妈妈放心不下，今天请假陪你好吗？"这也叫分享；当孩子过生日时，问问孩子："爸爸妈妈陪你过生日，你也可以邀请同学一起参加喔！"让他们从小学会把快乐分享给更多的人。

豆丁

FINANCIAL EDUCATION FOR CHILDREN

钱包包的
财商养成记

⑤ 如何让钱生钱？

郑永生 编

江西教育出版社
JIANGXI EDUCATION PUBLISHING HOUSE

· 南昌 ·

图书在版编目（ＣＩＰ）数据

钱包包的财商养成记 / 郑永生编 . -- 南昌 : 江西教育出
版社 , 2021.1
（儿童财商教育启蒙系列）
ISBN 978-7-5705-2257-6

Ⅰ . ①钱… Ⅱ . ①郑… Ⅲ . ①财务管理—儿童读物
Ⅳ . ① TS976.15-49

中国版本图书馆 CIP 数据核字 (2020) 第 254491 号

儿童财商教育启蒙系列・钱包包的财商养成记　　　　郑永生　编
ERTONG CAISHANG JIAOYU QIMENG XILIE · QIANBAOBAO DE CAISHANG YANGCHENGJI

出 品 人：廖晓勇
策 划 人：丘文斐
策划编辑：张 龙　 杨 柳
特约编辑：李知乐
责任编辑：张 龙　 黄 熔
出版发行：江西教育出版社
地　　址：江西省南昌市抚河北路 291 号
邮　　编：330008
电　　话：0791-86711025
网　　址：http://www.jxeph.com
经　　销：各地新华书店
印　　刷：佛山市华禹彩印有限公司
开　　本：889 毫米 ×1194 毫米　　　16 开
印　　张：15.75 印张
版　　次：2021 年 1 月第 1 版
印　　次：2021 年 1 月第 1 次印刷
书　　号：ISBN 978-7-5705-2257-6
定　　价：175.00 元（全 5 册）

赣教版图书如有印装质量问题，请向我社调换　电话：0791-86710427
投稿邮箱：JXJYCBS＠163.com　　　来稿电话：0791-86705643
赣版权登字 -02-2021-001

钱包包
（绰号：钱包）

- **年龄：** 8 岁

- **身份：** 淘淘小学三年级学生

- **个性特征：**
  爱动脑筋，善于观察，是大家的"脑力担当"

- **口头禅：** "哈哈，聪明如我！"

- **爱好：** 看书，尤其是侦探小说

- **崇拜人物：** 福尔摩斯

豆 丁

- **身份：** 双拼猫王国的神秘来客

- **个性特征：**
  傲娇，迷人，博学多才，财商知识丰富

- **口头禅：**
  "喵呜，本猫告诉你们吧！"

- **爱好：** 旅行，收藏硬币

- **崇拜人物：** 自己

唐 果
（绰号：糖果）

- **年龄：** 8 岁

- **身份：** 钱包包的同班同学

- **个性特征：**
  活泼可爱，口才了得，是大家的"协调担当"

- **口头禅：** "实在是太可爱了！"

- **爱好：** 可爱的动物，弹钢琴

- **崇拜人物：** 贝多芬

夏向棋
（绰号：象棋）

- **年龄：** 8 岁

- **身份：** 钱包包的同班同学

- **个性特征：**
  乐观开朗，富有幽默感，是大家的"开心担当"

- **口头禅：** "民以食为天嘛！"

- **爱好：** 走到哪吃到哪，画画

- **崇拜人物：** 达·芬奇

钱包包的
压岁钱

"喵呜，看你们这架势，肯定是要带着压岁钱去买买买了吧，这可不是一个好习惯！"

"有了压岁钱还不买买买，能怎么处理呀？"夏向棋不懂豆丁的意思。

"喵呜，本猫告诉你们吧！压岁钱的使用方法多着呢，能存起来，更能拿来赚钱……"

"这不就是'钱生钱'吗？"听到"赚钱"两个字，钱包包不禁两眼发光。

"喵呜，想知道怎么好好利用压岁钱吗？本猫带你们长见识吧！"豆丁熟练地用爪子比画出五座海岛，这回他朝肉骨头模样的海岛用力一点，橙色的光芒把所有人带到了汪狗国的水晶城。

水晶城果然名不虚传啊，房子、道路、树木、花草……全都是由水晶做的！

这里简直就是我梦里的童话王国啊！

好久不见，亮亮狗兄弟。

汪呜，豆丁博士，我太想你了。

哇！你的钻石项圈和宝石戒指也太闪亮了！

汪呜，这些财富是我多年累积起来的，我一直都有好好管理我的压岁钱哦！

我们汪狗国的狗狗从小就会管理自己的压岁钱，所以，不少狗狗很年轻就买了属于自己的车子和房子，日子过得优哉游哉！

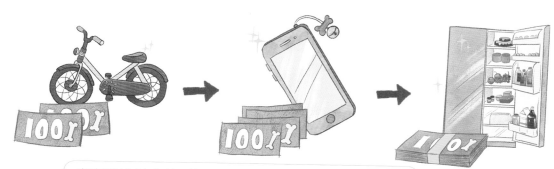

在存款比较少的时候，我们只添置基本的生活用品。

通过管理自己的压岁钱后，财富日积月累，一步步实现了自己的购买愿望。

亮亮狗，能不能教教我们啊？我们刚好手头有点
压岁钱，也想拿它来赚钱呢！

　没问题！我的压岁钱分配秘籍，叫"532 分
配原则"！亮亮狗自豪地说。

　532？哈哈，听起来好像是什么神秘代码。

　嘘，认真听讲！

我的压岁钱分配秘籍

50% 存到银行里赚取利息。

20% 买了想要很久的学习机。

30% 买了纪念邮票和纪念币。

50%

20%

30%

大汪银行

旺旺学习机

压岁钱

假设钱包包现在有 1000 元的压岁钱，我们就拿这笔钱来举例子。首先，把这 1000 元分成三份。

是平均分三份吗？

 不是的，是把 1000 元按照 5、3、2 的比例分成 500 元、300 元和 200 元。500 元应该存到银行里，用来赚取银行的利息；300 元可以在爸爸妈妈的指导下购买纪念邮票、纪念币、教育保险等财富增值类产品。200 元则可以用来购买一件价格稍贵但自己喜欢的物品。

原来还有 20% 可以自由支配，太棒了！

你先别想着买吃的，听听亮亮狗是怎么用的吧。

 汪呜，用来吃喝玩乐当然也没问题，但我更推荐买学习用具，我建议用这笔钱买一台数学学习机，这会比买其他物品更有意义！

喵呜，人类世界和汪狗国不同，如果未满 18 周岁，必须在父母的陪同下才能把钱存入银行或者购买财富增值类产品哦！

汪呜，规划用钱是管理钱财的关键，我这里还有其他理财小技巧哦！

1 身边准备一本账本，定期记录收入和支出。

购物清单
☆ 狗粮
☆ 狗饼干
☆ 帽子

2 购物前想好自己需要买什么，列出购物清单，不买清单以外的东西。

③ 帮爸爸妈妈做家务可以换取零用钱。

④ 定时把闲置的物品清理出来，把不再用的物品淘汰或卖掉。

喵呜，只有学会了有计划地花钱，我们才能更好地管理好有限的钱财，把钱用在最需要的地方。当我们养成了凡事做计划的好习惯，处理事情就会更加井井有条，也会更容易获得别人的认可和信任。

知识拓展

① 压岁钱

　　压岁钱是指过春节时长辈给孩子的钱，祈祷晚辈得到压岁钱可以平平安安度过一岁。给压岁钱的方式一般有两种，一种是长辈用红纸包好偷偷放到孩子的枕头底下；另外一种是孩子给长辈拜年后，长辈当众拿给孩子。

② "532" 分配原则

　　50% 存进银行，可以在爸爸妈妈的陪同下在银行设立自己的账户，把钱存进去一段时间后，会得到相应的利息。

　　30% 购买财富增值类产品，可以在爸爸妈妈的帮助下，购买纪念邮票、纪念币、教育保险等，也可以存够一定金额，购买收益较高的理财产品，等你长大后，这笔钱或许就足够支付自己的学费了！

　　20% 进行合理的消费，这部分的消费内容可以是学习、零食、旅游等，如果还有剩余，可以积累到一定金额，购买自己一直想买的物品。

自 信

　　自信是人们在社会活动中的一种很重要的品质，它是一个人对自己的积极感受，能帮助我们理性地做出决定并勇敢地行动，从而获得别人的认可和信任。同时，自信是通向财务自由的重要一课，拥有自信，能更好地进行独立思考，有条理地规划自己的财富，实现各阶段的人生目标。

我能自己管理财富

·我会赚钱，依靠自己的劳动获取财富，给予自己和家人更好的保障；

·我会花钱，我能学会把钱用到该用的地方，买物美价廉的商品；

·我会存钱，我懂得存钱以防急用、积少成多，我更懂得延时享受；

·我会增值，我努力学习，通过理财活动让"钱生钱"，让财富不断增加。

豆丁的财商教育建议

拥有自信

亲爱的宝爸宝妈：

　　拥有自信的孩子往往在学校、家庭和朋友中表现得更好，他们敢于独立思考判断，有勇气尝试新鲜事物，将来也更有机会在职场上发光发热，为自己创造富足的生活。

　　作为家长，我们要通过一些生活中的小事帮助他们增强自信，比如让他们尝试策划一个生日聚会、当一次周末家长、进行一次垃圾分类、组织一场假日郊游，我们只需要温馨地陪伴、适时地称赞，适当配合一些语言引导，如"宝贝真是棒极了！""你是怎么萌生这个奇妙想法的？""这样安排很好，还有其他方式吗？"等等，多给他们独立思考的机会，让他们的能力和自信在日积月累中得到提升。

豆丁

第 2 话

学会"钱生钱"

这是我们汪狗国最有特色的银行哦。

汪鸣，把50%的压岁钱存放在银行，叫作储蓄，是财富规划的一种方式！

储蓄就是存钱的意思吧？

是的，储蓄就是节省下来或者把暂时不用的钱存起来，有活期储蓄、定期储蓄等几种方式。

什么？储蓄还分活不活的？

喵呜，活期储蓄和定期储蓄可不一样。活期可以随时把钱取出来，而定期要等到规定期限后才能把钱取出。

汪呜，定期储蓄一般要比活期储蓄的利息高。定期储蓄的时间越长，利息相对也会越高。所以存钱的时候，可以结合自己的情况，选择一种适合自己的储蓄方式！

假设我有 10000 汪狗币，汪狗国活期储蓄的年利率是 0.5%，定期储蓄的年利率是 3.5%。那么一年下来，活期可以得到 50 汪狗币的利息，存定期的可以得到 350 汪狗币的利息，定期比活期储蓄多了 300 汪狗币的利息哦！这就是"钱生钱"了。

"我明白了！我现在不急着用钱，决定把所有压岁钱做定期储蓄，把赚到的利息用来买一台望远镜。"钱包包突发奇想。

"我也要做定期储蓄，等我10岁生日的时候，就用利息买一条公主裙。"唐果最喜欢买漂亮的衣服了。

"我存活期就好，等到举办画展时，我就可以随时把利息取出来买门票。"夏向棋觉得活期存取比较方便。

教育保险？

"喵呜，你们先别做白日梦！"豆丁分别敲了敲孩子们的脑袋，"除了储蓄，还有别的财富规划呢，比如购买教育保险。"

"嘿嘿嘿，买了教育保险难道可以保证每次考试都满分吗？"夏向棋眼里充满了期待。

"教育保险跟学习成绩可一点儿关系也没有！"豆丁的话立刻击碎了夏向棋的痴心妄想。"教育保险是父母为你们买的一种保险，等你们长大上中学、上大学，保险公司就会返还一笔资金给你们。"

"喵呜，比如钱包包的妈妈为他购买了某款教育保险，等他上初中、高中、大学，或者出国留学时，保险公司就会根据他所处的不同教育阶段，返还一定数额的教育基金支持他的学业。"

知识拓展

1 储蓄

储蓄指的是把节约下来的或暂时不用的钱或物积存起来，多指把钱存到银行里。银行储蓄的基本形式有活期储蓄和定期储蓄，定期储蓄的利息会比活期储蓄高，可以根据自己的需求进行选择。

2 教育保险

教育保险是孩子的监护人为孩子准备教育基金的保险。孩子每进入一个教育阶段时，都会得到保险公司返还的一笔稳定的资金。

3 收藏品

收藏品本身自带文化知识，孩子们进行收藏，一方面可以让物品增值，另一方面可以拓宽眼界，学到更多课外的知识。

适合少年儿童的收藏品：

珍贵的活动门票

邮票

漫画书

纪念币

储蓄意识

公民的存款储蓄是一种投资行为，在国家经济活动和人民生活中起着重大作用。对国家而言，储蓄可以为国家积累资金，有利于国家现代化建设；对于个人而言，从小培养储蓄意识，有计划地安排生活，有利于我们养成良好的消费习惯。

如何做好储蓄工作

· 制订一份适合自己的储蓄计划，尽量具体详细；

· 把每个月收到的零花钱存一部分到储蓄账户里；

· 如果每个月能省下钱，也把这笔钱存到储蓄账户里；

· 控制购买欲，不论是网购还是实体店购物，切忌冲动消费；

· 认真履行储蓄计划并坚持，看着积少成多的财富，你会充满成就感。

豆丁的财商教育建议

管理压岁钱

亲爱的宝爸宝妈：

逢年过节，面对孩子沉甸甸的压岁钱，家长与其代为保管，还不如预留部分压岁钱给孩子自己支配，逐步引导他们如何管理金钱，从而培养他们的财富观念和财富规划能力。

我们应该从小培养孩子的储蓄意识，但前提是家长自身必须先了解相关理财知识，才不会给孩子带来错误的认知。父母可以为孩子开设专门的银行账户，用来储蓄孩子的压岁钱。目前市场上就有针对压岁钱推出的专属定期存款产品，并且起存的金额都不会太高，家长注意选择定存期限即可。另外，父母也可以根据孩子不同年龄的能力和特点，让他们接触一些简单的理财产品，如银行理财、货币基金、余额宝等，真实的体验感会给孩子带来深刻的记忆，并强化理财思维和观念。

豆丁

第 3 话

金钱、友谊 和亲情

告别亮亮狗后，豆丁准备带孩子们到泡泡城游玩，钱包包稍不留神，跟一只低着头赶路的小狗撞了个满怀。

小狗身上的袋子被撞落了，里面金灿灿的汪狗币撒落了一地。

对不起，小狗，你没受伤吧？

 没关系没关系，怪我走得太急了。

你背着这么多金币要去干什么呀？

 唉，昨天花花狗不让我玩她新买的电动玩具车，我一生气就把玩具车摔到了地上，结果她生气不理我了。我知道自己错了，爸爸妈妈常说钱是非常宝贵的东西，所以我就打算送这些钱给她，好让她原谅我。

喵呜，飞飞狗，本猫告诉你，用钱是买不到友谊的！

 我不信，我跟你打赌，钱是万能的，什么都能买！

孩子们都想知道究竟钱是不是万能的，于是都跟着飞飞狗来到了花花狗的家。

花花狗的家就在泡泡城，大家乘坐着造型新颖的泡泡车，一起前往花花狗家。

前面就是花花狗的家！

花花狗，我把世界上最宝贵的钱送给你，我们重新做好朋友吧？

哼！有钱很了不起吗？谁要你的钱，我才不要跟你做朋友！

 为什么花花狗不愿意原谅飞飞狗呢？

钱虽然重要，但不是万能的。飞飞狗弄坏了花花狗心爱的玩具车，却没有诚恳地向她道歉，让花花狗很失望。

在大家热心的鼓励下，飞飞狗鼓起勇气，对花花狗表达了深深的歉意。花花狗最终被飞飞狗的诚意所打动，原谅了他。看见两位朋友重归于好，豆丁和孩子们高兴极了。

临走时，飞飞狗还请求豆丁帮帮他表哥星星狗。星星狗虽然很富有，但不知为什么，他总是愁眉苦脸的。

于是豆丁和孩子们跟随飞飞狗来到了冰雪乐园，星星狗就住在这里。

星星狗，你为什么不快乐啊？

我一直认为有钱就会很快乐，所以我埋头苦干，把工作放在了第一位。爸爸生病了喊我回家，我忙着工作没有回去；亲戚有困难向我求助的时候，我也因为工作太忙没有理睬。久而久之，爸妈和亲戚都慢慢疏远我，我已经好久没回家了。

喵呜，钱虽然很重要，但它买不来亲情。你的父母肯定非常担心你，快回去看望他们吧，好好和他们聊一聊，他们一定会体谅你的！

星星狗觉得豆丁说得很有道理，想起爸妈一直以来的关爱，自己却沉迷赚钱而忽视他们，他感到羞愧不已，决定马上回家请求他们的原谅。

知识拓展

① 亲情

亲情特指有血缘关系的人之间的特殊感情，父母和子女之间的感情，兄弟姐妹之间的感情，这些都是亲情。亲人之间无论贫穷或富有、健康或疾病，都会真心爱护着对方。

② 友谊

友谊指的是朋友间深厚的感情、亲密的关系，它需要每一位朋友共同来维系。在开心时，有朋友一起分享；在失落时，有朋友一起陪伴和倾诉，这是一种十分美妙的情感，值得我们长久珍惜。

重视亲友

　　人脉资源是一种潜在的无形资产，而亲情和友情则是人们在世上值得加倍珍惜的"个人财富"。当你用真心去关怀你的亲友，便能赢得大家的尊重和信任。当你拥有了让他人愿意亲近的"人情味儿"，你收获的亲情和友情便是无法用金钱来衡量的无价之宝。

学会维系亲友感情

· 适度沟通交流，成为一个富有同情心和受亲友尊敬的人；

· 及时化解矛盾，当与亲友发生矛盾时，应该理性解决而不是逃避；

· 生活中遇到不愉快的事情，可以和亲人朋友倾诉，但不要一直抱怨；

· 既要多多关心亲友的生活状态，也要尊重彼此的生活习惯。

豆丁的财商教育建议

学会处理人际关系

亲爱的宝爸宝妈：

　　人际关系和财富没有必然的联系，但人脉资源越丰富，"第一手资料"便越多，获取金钱的门路也就更多，所以人脉宽广可以"聚财"，这是不争的事实。

　　要想孩子积极主动地与人交往，让孩子多说话、爱说话，家长就应该先营造出和谐的家庭氛围。比如在孩子4~5岁时，可以多请小朋友到家里做客，一起玩语言互动游戏；孩子6~7岁时，让他们多听故事、复述故事，谈谈学校发生的事，锻炼清晰流畅的表达能力；孩子8~9岁时，可以让他们参加演讲比赛、夏令营等，广交朋友；等到孩子10岁以上，便可以让他们参加一些社团活动，有机会和各种人交流，并体验交往的乐趣。

豆丁

第 4 话

看不见的财富

和星星狗告别之后，豆丁和孩子们准备返程回家。经过一个露天舞台的时候，他们发现这里正在举行一场"我是大富翁"的比赛。

看清楚了，整整一布袋金元宝，闪亮不？

这是我狗爷从不同王国收集来的奇珍异宝，平时可不会轻易拿出来哦。

我有100万汪狗币支票，这还只是我总资产的千分之一！

这本《泡泡车的发明》是我最新出版的图书作品。

我手上的绿宝石，全王国仅有一颗，多少财富都换不来哟。

"难道是我看错了，四号狗狗就只带了一本普普通通的书啊？这也能参加比赛吗？"钱包包揉了揉眼睛说。

"就是嘛，一本书最多不就是值几十元，这怎么能和其他参赛者比呢？"夏向棋也不能理解。

"大家好，我叫聪聪狗，是一名科学家。最近泡泡城里出现的新型车辆，是我经过多年研究和实践发明的泡泡车。"

"这是一种环保节能的交通工具，它既能在陆地上行驶，也能在水上行驶，只需一个按钮即可切换两种模式，非常方便。泡泡车面世后，我又写下了这本《泡泡车的发明》，里面讲解了泡泡车的运作原理，也记录了泡泡车发明过程背后的故事。"

裁判们对五位参赛者拥有的财富进行了激烈的讨论，最后一致认为聪聪狗是实至名归的大富翁。因为泡泡车的出现，让居民日常出行得到了极大的便利，大家都对这个发明赞不绝口。

现场响起了一阵雷鸣般的掌声。

"喵呜，珠宝、钱财等是肉眼看得见的财富，而书籍和科技发明却蕴藏了看不见的精神财富！"豆丁看着颁奖台上的聪聪狗感叹道。

聪聪狗一定是有大智慧，才能研究出这么伟大的发明吧？

喵呜，这话可不完全对！但凡成功的人都有一个共同点，那就是他们都有远大的志向。

 爸爸妈妈经常教育我要好好学习，长大后才能赚钱养活自己，难道读书不就是为了多赚钱吗？

当然不是，学习是一辈子的事情！但当我们有了远大的志向，才不至于在艰苦的求学过程中因为遭受失败而放弃自己。如果聪聪狗没有远大的志向，他可能就克服不了研发泡泡车的种种困难，不能坚持到现在了。

读书的最终目的不是为了赚钱，我们要在读书的过程中掌握通往成功的关键要素，创造属于自己的物质和精神财富。

豆丁，我老早就打定主意要当一个世界闻名的画家了，但我感觉离这个目标还很远。

只有目标当然是不行的，还得具备两个重要的能力，那就是时间管理能力和自律能力！

我以后想到国外留学，看看外面的世界。所以我从现在开始要好好学习英语，每天分配好时间做听说读写练习。

我喜欢音乐，以后想当一名钢琴老师！

我每天还要花时间多练习弹奏技巧，日子久了，我会弹得越来越好的！

如果我以后想当钢琴老师，现在就要安排时间学习基础知识。

喵呜，这就是时间管理，看来你们还不算太笨。

我妈妈经常唠叨我要自律，汉堡包不能一次吃太多，但我根本做不到。

本猫和你们讲讲乐乐狗的故事，你们就能明白自律的好处了。

喵呜，乐乐狗因为长年暴饮、暴食、不运动，导致体重暴增。眼看身体毛病越来越多，他决定不再放纵下去，开始每天坚持运动并控制饮食，严格要求自己，他的自律最终得到了回报。

马上就要离开汪狗国，这意味着又要和豆丁说再见了，孩子们都非常依依不舍。

 豆丁，你还会来找我们玩吗？自从认识了你，我对钱财有了很多新的理解呢！

喵呜，你们有收获就好，那我就能交差了！

 交差？难道你是带着任务来的？

没……没什么！不能再多说了，咱们后会有期吧！

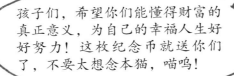 孩子们，希望你们能懂得财富的真正意义，为自己的幸福人生好好努力！这枚纪念币就送你们了，不要太想念本猫，喵呜！

· 知识拓展 ·

① 物质财富

物质财富是人的基本财富，包括食物、衣服、住房等等物质基础的财富。

② 精神财富

精神财富是指人们从事智力活动所取得的成就。如著作权、科技成果等。精神财富是看不到的东西，但是它像真正的财富一样宝贵。正常情况下，精神财富不会随时间的推移贬值或遗失，它是一个人活下去并不断进取的源泉，我们要多读书、善待身边人、增加人生阅历，才能不断获得这种属于自己的精神财富。

自 律

　　自律是指很好地管理和约束自己。养成良好的饮食和作息习惯、坚持锻炼身体、每天自觉看书学习、有计划地花钱等，这些都是自律的体现，当你在日常生活中拥有了这些约束自己言行的意志力，学习、工作的效率便得以提高，财富也会逐渐聚积起来。

养成自律的生活方式

· 根据事情的轻重决定做事的优先顺序，并按顺序执行；

· 做事要果断，确立了目标后便全力以赴，不要拖拖拉拉；

· 强化时间观念，提高学习和劳动效率，才不会虚度光阴；

· 不为自己犯下的过错找借口，学会自我反省并用行动解决问题。

豆丁的财商教育建议

走向幸福人生

亲爱的宝爸宝妈:

　　本章提及的"远大志向"是一个复杂的课题，因为"人生理想"十分多样，并不是单单靠努力学习就能实现的。家长应该为孩子做思想指引工作，帮助他们树立远大的人生志向。

　　知识是获得财富的重要途径之一，但知识和财富之间不应该画等号，仅仅赚到很多钱也不代表拥有幸福人生。如果孩子不爱学习，就喜欢玩手机和网络游戏，家长可以引导他们"好玩的游戏也是靠发明者的知识和智慧创造出来的"，从而让孩子明白学习的重要性。即使读书升学无法给孩子带来前进的动力，也可以让他们学习一样喜欢的技能，做自己想做的事情。在这个多元化的社会，谋生方式有千百种，理想不分贵贱，过上幸福人生才是我们财商教育的最终目标。

豆丁